BIOCENTRISMO

Título original: BIOCENTRISM
Traducido del inglés por Elsa Gómez Belastegui
Diseño de portada: Editorial Sirio, S.A.

© de la edición original
2009 Robert Lanza y Robert Berman

© de las ilustraciones
Alan McKnight

© de la presente edición
EDITORIAL SIRIO, S.A.

EDITORIAL SIRIO, S.A.	NIRVANA LIBROS S.A. DE C.V.	DISTRIBUCIONES DEL FUTURO
C/ Rosa de los Vientos, 64	Camino a Minas, 501	Paseo Colón 221, piso 6
Pol. Ind. El Viso	Bodega nº 8,	C1063ACC
29006-Málaga	Col. Lomas de Becerra	Buenos Aires
España	Del.: Alvaro Obregón	(Argentina)
	México D.F., 01280	

www.editorialsirio.com
sirio@editorialsirio.com

I.S.B.N.: 978-84-7808-807-2
Depósito Legal: MA-420-2017

Impreso en Imagraf Impresores, S. A.
c/ Nabucco, 14 D - Pol. Alameda
29006 - Málaga

Impreso en España

Puedes seguirnos en Facebook, Twitter, YouTube e Instagram.

Dr. ROBERT LANZA
&
BOB BERMAN

BIOCENTRISMO

La vida y la conciencia como claves para comprender la naturaleza del universo

EDITORIAL
SIRIO

A Barbara O'Donnell
con ocasión de su noventa cumpleaños

AGRADECIMIENTOS

A los autores nos gustaría dar las gracias al editor, Glenn Yeffeth, y a Nana Naisbitt, Robert Faggen y Joe Pappalardo por su inestimable colaboración en la producción de este libro. Nos gustaría agradecer también a Alan McKnight por las ilustraciones y a Ben Mathiesen por su ayuda en la redacción de los apéndices. Y, por supuesto, no habría sido posible que este libro viera la luz sin la contribución de nuestro agente, Al Zuckerman.

Varios de los extractos que presentamos aquí aparecieron por separado en las publicaciones *New Scientist*, *The American Scholar*, *The Humanist*, *Perspectives in Biology and Medicine*, *Yankee Magazine*, *Capper's*, *Grit*, *The World & I* y *Pacific Discovery*, así como en varias revistas literarias, entre ellas *Cimarron Review*, *Ohio Review*, *Antagonish Review*, *Texas Review* y *High Plains Literary Review*.

INTRODUCCIÓN

En lo que respecta a la comprensión del universo global, nos encontramos en un callejón sin salida. El «significado» de la física cuántica se ha debatido desde el momento en que se descubrió, en la década de 1930, pero no puede decirse que hayamos avanzado mucho desde entonces. La «teoría del todo», que durante años se prometió que estaba justo a la vuelta de la esquina, lleva décadas estancada en las matemáticas abstractas de la teoría de cuerdas y de sus afirmaciones no demostradas ni demostrables.

Pero la situación es todavía peor. Hasta hace poco, pensábamos que sabíamos de qué estaba hecho el universo; sin embargo, ahora resulta que, en un 96%, está compuesto por materia y energía oscuras, que prácticamente no tenemos ni idea de lo que son. Hemos aceptado que todo empezó con el *Big Bang*, a pesar de que es necesario manipular el acontecimiento cada vez más para que encaje con nuestras observaciones (como cuando en 1979 hubo que admitir un período de crecimiento exponencial, conocido como inflación, cuya física es básicamente desconocida). De hecho, el *Big Bang* ni siquiera es capaz de responder a uno de los mayores misterios del universo: ¿por qué este se halla tan exquisitamente sintonizado para sustentar la vida?

Lo que hasta ahora creíamos haber comprendido sobre los fundamentos del universo ha empezado a batirse en retirada ante nuestros ojos. Cuantos más datos reunimos, más malabarismos tenemos que hacer con nuestras teorías, o más hemos de ignorar hallazgos que no parecen tener ningún sentido.

Este libro propone una perspectiva nueva: que nuestras actuales teorías del mundo físico no funcionan, y que nunca será posible hacerlas funcionar mientras no tomen en consideración la vida y la conciencia. Este libro sugiere que, en lugar de una consecuencia tardía y secundaria manifestada al cabo de miles de millones de años de procesos físicos inertes, la vida y la conciencia son absolutamente fundamentales para poder comprender el universo. Y a esta nueva perspectiva la llamamos biocentrismo.

Desde este punto de vista, la vida no es un mero efecto accidental de las leyes de la física, ni son la naturaleza o la historia del universo la aburrida partida de billar que desde primaria nos han hecho creer.

A través de los ojos de un biólogo y de un astrónomo, vamos a descerrajar las jaulas a las que la ciencia occidental involuntariamente ha acabado confinándose a sí misma. Predecimos que el XXI será el siglo de la biología, lo cual supone un giro con respecto al siglo anterior, dominado por la física. Parece apropiado, por tanto, empezar la centuria volviendo el universo hacia dentro y unificando los fundamentos de la ciencia; no con cuerdas imaginarias, que ocupan una serie de dimensiones igualmente imaginarias y jamás vistas, sino con una idea mucho más simple, y rebosante de tantas perspectivas nuevas e impactantes que no es probable que, después de considerarla, volvamos a ver la realidad de la misma manera.

El biocentrismo puede parecer una desviación radical de nuestra actual forma de entender las cosas, y lo es, pero las pistas que nos han llevado hasta él han ido apareciendo a nuestro alrededor durante décadas. Es posible que algunas de las conclusiones del biocentrismo coincidan con aspectos de las religiones orientales o de ciertas filosofías Nueva Era. Es curioso que sea así; pero no os preocupéis: no hay nada de Nueva Era en esta obra. Las conclusiones de este libro están basadas en la ciencia tradicional, y son una extensión lógica del trabajo que han llevado a cabo algunas de nuestras mentes científicas más destacadas.

El biocentrismo sienta las bases para nuevas líneas de investigación en el campo de la física y la cosmología. Este libro expone los principios del biocentrismo, los cuales se fundamentan en la ciencia establecida, y —todos ellos— exigen un replanteamiento de nuestras actuales teorías sobre el universo físico.

UN UNIVERSO FANGOSO

1

El universo no es solo más extraño de lo que suponemos,
sino más extraño de lo que podemos suponer.

JOHN HALDANE,
Possible Worlds (1927)

E l mundo no es el lugar que describían nuestros libros de texto.
Durante varios siglos, aproximadamente a partir del Renacimiento, el pensamiento científico ha estado dominado por una única forma de entender la construcción del cosmos. Este modelo nos ha llevado a sacar incontables conclusiones sobre la naturaleza del universo —y ha supuesto incontables aplicaciones que han transformado cada aspecto de nuestras vidas—, pero es un modelo que está acercándose al fin de su vida útil y necesita ser reemplazado por un paradigma radicalmente distinto, que refleje una realidad más profunda, una realidad que, hasta este momento, se ha ignorado por entero.

El nuevo modelo no ha llegado de repente, como el impacto del meteoro que cambió la biosfera hace 65 millones de años, sino que se parece más bien a una gradual y profunda alteración de la placa tectónica, cuyas bases yacen a tal profundidad que jamás volverán ya al lugar del que vinieron. Su génesis se oculta en la inquietud racional de fondo que toda persona mínimamente culta siente hoy día de una forma palpable. No es fruto de que se haya desacreditado una teoría determinada, ni de ninguna contradicción que haya surgido en la plausible obsesión actual por concebir una gran teoría unificada que pueda explicar el universo. No, el problema es tan profundo que prácticamente todo el mundo *sabe* que hay algo disparatado en nuestra forma de concebir el cosmos.

El viejo modelo propone que el universo era, hasta hace relativamente muy poco, una colección inerte de partículas que chocaban unas contra otras obedeciendo a unas leyes predeterminadas de origen misterioso. Era como un reloj que, de algún modo, se dio cuerda a sí mismo y que, dejando un margen para cierto grado de aleatoriedad cuántica, revertirá su acción de un modo más o menos predecible. La vida se originó en un principio por un proceso desconocido, y luego procedió a cambiar de forma, sujeta a mecanismos darwinianos que operan bajo esas mismas leyes físicas. La vida contiene conciencia; sin embargo, se tiene una comprensión de ésta muy somera y, en cualquier caso, es materia de estudio exclusivamente para los biólogos.

Pero hay un inconveniente. La conciencia no es solo un tema de estudio para los biólogos; es un problema para la física. No hay nada en la física moderna que explique cómo un grupo de moléculas crean la conciencia dentro del cerebro. La belleza de una puesta de sol, el milagro de enamorarse, el sabor de una comida deliciosa siguen siendo un misterio para la ciencia moderna. No hay nada en ella que pueda explicar cómo surgió la conciencia a partir de la materia. Sencillamente, nuestro modelo actual no toma en consideración la conciencia, y puede decirse que, de este fenómeno tan fundamental, tan básico de nuestra existencia, no sabemos prácticamente nada. Es interesante que nuestro modelo actual de la física ni siquiera considere que esto sea un problema.

No es pura coincidencia que la conciencia aparezca de nuevo en un ámbito de la física completamente distinto. Es bien sabido que la teoría cuántica, aun cuando en el nivel matemático funciona increíblemente bien, no tiene sentido lógico. Como exploraremos en detalle en los capítulos siguientes, las partículas parecen comportarse como si respondieran a un observador consciente, y los físicos cuánticos, dando por sentado que eso no puede ser cierto, bien han considerado que la teoría cuántica es inexplicable, o bien han ideado elaboradas teorías (tales como la de un número infinito de universos paralelos) para tratar de explicarla. La explicación más simple —que las partículas subatómicas interactúan de hecho con la conciencia en cierto nivel— se halla demasiado alejada del modelo actual para ser considerada con seriedad. No obstante, es muy curioso que en los dos mayores misterios de la física intervenga la conciencia.

Sin embargo, incluso dejando a un lado las cuestiones relativas a la conciencia, el modelo en uso deja mucho que desear a la hora de explicar los fundamentos de nuestro universo. El cosmos (según afinadas elucidaciones recientes) surgió de la nada hace 13.700 millones de años, en lo que fue un acontecimiento titánico, humorísticamente denominado el *Big Bang*. En realidad no entendemos de dónde provino el *Big Bang*, y continuamente retocamos los detalles; incluso hemos llegado a añadir un período inflacionario, regido por cierta física que todavía no comprendemos pero cuya existencia es necesaria para mantener la coherencia de nuestras observaciones.

Cuando un alumno de sexto de primaria hace la pregunta más básica sobre el universo: «¿Qué había antes del *Big Bang*?», el profesor, suponiendo que esté suficientemente informado, tendrá la respuesta al instante: «No hubo ningún tiempo antes del *Big Bang*, puesto que el tiempo solo puede existir acompañado de materia y energía. Así que la pregunta no tiene sentido; es como preguntar qué hay al norte del Polo Norte». El chaval se sienta, se queda callado, y los demás alumnos fingen que acaba de impartírseles un conocimiento auténticamente significativo.

Alguien preguntará: «¿Hacia dónde se expandirá este universo en expansión?», y de nuevo el profesor estará preparado para responder: «No puede haber espacio sin objetos que lo definan, luego debemos imaginar que el universo lleva su propio espacio consigo al adquirir un tamaño aún mayor. Por otra parte, es un error visualizar el universo como si lo miráramos «desde fuera», ya que no existe nada fuera del universo; de modo que la pregunta tampoco tiene sentido».

Y se podría insistir: «Bueno, ¿podría usted al menos decirnos lo que fue el *Big Bang*? ¿Hay alguna explicación de por qué ocurrió?». Durante años, mi colaborador en la creación de este libro, cuando le vencía la pereza, recitaba la respuesta estándar a sus alumnos universitarios como si se tratara de uno de esos mensajes grabados que contestan a quien llama por teléfono fuera del horario de oficina: «Observamos que ciertas partículas se materializan en el espacio vacío y luego se desvanecen; son fluctuaciones de la mecánica cuántica. Así pues, sería de esperar que, con tiempo suficiente, tales fluctuaciones abarcaran tantas partículas que aparecería como resultado un universo entero. Si el universo fuera en efecto una fluctuación cuántica, ¡manifestaría exactamente las propiedades que observamos!».

El alumno se sienta. ¡Así que es eso! ¡El universo es una fluctuación cuántica! Por fin todo está claro.

Pero incluso el profesor, a solas en sus momentos de tranquilidad, se preguntará al menos brevemente cómo debía de ser todo, el martes anterior al *Big Bang*. Incluso él se da cuenta, en el fondo, de que no se puede obtener algo de la nada, y de que el *Big Bang* no explica en modo alguno los orígenes de todo sino que, en el mejor de los casos, describe un solo acontecimiento dentro de un *continuum* que es probablemente intemporal. En pocas palabras, una de las «explicaciones» más conocidas y popularizadas sobre el origen y la naturaleza del cosmos da un frenazo en seco, a punto de estrellarse contra una inmensa pared en blanco, justo en el momento en que parecía estar llegando al punto clave.

Durante todo este desfile, unos pocos entre la multitud advertirán, por supuesto, que el emperador parece haber escatimado en su presupuesto para vestuario. Es normal respetar la autoridad y reconocer que los físicos teóricos son personas geniales —aunque tengan cierta tendencia a dejar que se les caiga la comida y les ponga la ropa perdida en las recepciones—, pero, más tarde o más temprano, prácticamente todo el mundo ha pensado, o al menos intuido: «En realidad esto no tiene sentido. Realmente, no explica nada fundamental. Es, de principio a fin, muy poco convincente. No suena para nada a verdad. Aquí hay algo que no encaja. No responde a ninguna de mis preguntas. Algo apesta, detrás de esas paredes recubiertas de hiedra, y llega a una profundidad mucho mayor que la del ácido sulfhídrico que desprenden los miembros de las hermandades en su afán por captar nuevos socios».

Como ratas que salen de todas partes y se apiñan en la cubierta del barco que está a punto de hundirse, los problemas afloran sin cesar del modelo en uso. Ahora resulta que nuestra querida materia bariónica, tan familiar —es decir, todo lo que vemos, y todo lo que tiene forma, además de todas las energías conocidas—, se reduce abruptamente a tan solo un 4% del universo, mientras que la materia oscura constituye alrededor de un 24%. El verdadero grueso del cosmos se vuelve de repente energía oscura, término que define algo absolutamente misterioso. Y, por cierto, la expansión sigue creciendo, no disminuyendo. En apenas unos años, la naturaleza básica del cosmos se ha vuelto hacia fuera, por más que las charlas junto al dispensador de agua de la oficina hagan suponer que nadie parece darse cuenta.

En las últimas décadas, se han producido abundantes debates sobre una paradoja básica de la construcción del universo tal como lo conocemos. ¿Por qué están las leyes físicas exactamente equilibradas para que pueda existir la vida animal? Si el *Bang Bang* hubiera sido, por ejemplo, una millonésima parte más potente, se habría precipitado a demasiada velocidad como para que las galaxias y la vida pudieran desarrollarse; si la inmensa fuerza nuclear decreciera en un 2%, el núcleo atómico no se sostendría unido, y el hidrógeno sería el único átomo del universo; si la fuerza gravitatoria disminuyera solo un ápice, las estrellas (el Sol incluido) no tendrían combustión. Estos son simplemente tres de entre más de doscientos parámetros físicos presentes en el sistema solar y el universo, tan exactos que hay que ser muy crédulo para suponer que son mera casualidad —aunque eso sea precisamente lo que la física estándar contemporánea sugiere a toda costa—. Estas constantes fundamentales del universo —constantes que ninguna teoría predice— parecen haber sido todas cuidadosamente elegidas, a menudo con asombrosa precisión, para permitir que existan la vida y la conciencia (sí, la conciencia asoma su cabeza fastidiosa y paradójica por tercera vez). El viejo modelo no tiene absolutamente ninguna explicación razonable para esto, pero el biocentrismo sí ofrece respuestas, como veremos.

Hay todavía más. Las magníficas ecuaciones que explican con exactitud las caprichosas particularidades del movimiento contradicen las observaciones sobre el comportamiento de las cosas a pequeña escala. (O, para llamar a esto por sus nombres técnicos, la relatividad de Einstein es incompatible con la mecánica cuántica.) Las teorías sobre los orígenes del cosmos dan un frenazo en seco cuando alcanzan precisamente el acontecimiento de máximo interés, el *Big Bang*. Los intentos de combinar todas las fuerzas a fin de producir una unidad subyacente —actualmente está en boga la teoría de cuerdas— hacen necesario introducir al menos ocho dimensiones más, ninguna de las cuales está basada en absoluto en la experiencia humana ni puede verificarse experimentalmente de manera alguna.

Cuando de ello se trata, la ciencia de hoy día es asombrosamente eficiente en lo que se refiere a elucidar cómo funcionan las partes. El reloj se ha desmontado, y podemos contar con exactitud el número de dientes que tienen cada ruedecilla y cada engranaje, o especificar la velocidad a la que gira el volante de inercia; sabemos que Marte tarda 24 horas, 37 minutos y 23 segundos en rotar, y esta información es irrefutable. Lo que se nos escapa es la imagen de conjunto. Ofrecemos respuestas provisionales, creamos nuevas tecnologías exquisitas gracias a nuestro conocimiento, cada vez mayor, de los procesos físicos, y nos quedamos admirados con la aplicación de los nuevos descubrimientos. Solo existe un área en la que nos va francamente mal, y que por desgracia acompaña a todas las cuestiones fundamentales: saber cuál es la naturaleza de esto a lo que llamamos realidad, la naturaleza del universo como un todo.

Metafóricamente hablando, cualquier resumen sincero del estado en que se hallan actualmente las explicaciones del cosmos como un todo es... un cenagal; y esta es una ciénaga en la que a cada paso hay que esquivar a los cocodrilos del sentido común.

Eludir o posponer dar una respuesta a cuestiones tan básicas y profundas ha sido tradicionalmente la especialidad de la religión, que lo ha logrado con mucho éxito. Todo ser humano pensante ha sabido siempre que en la casilla final del tablero de juego residía un misterio insuperable, y que no había manera posible de evitarlo; así, cuando agotamos las explicaciones, los procesos y las causas que precedieron a la causa previa, dijimos: «Lo hizo Dios». Este libro no va a entrar en un debate sobre creencias espirituales ni va a tomar partido sobre si dicha línea de pensamiento es correcta o no; únicamente hace la observación de que invocar a una deidad proporcionó algo que se necesitaba desesperadamente: permitió que la indagación llegara a una especie de punto final comúnmente acordado. Hace tan solo un siglo, los textos científicos citaban de forma rutinaria a Dios y la «gloria de Dios» cada vez que llegaban a las partes verdaderamente profundas e incontestables del asunto al que se refirieran.

Hoy día, estamos muy escasos de esa clase de humildad. A Dios se le ha descartado, por supuesto, lo cual resulta apropiado en un proceso estrictamente científico, pero no ha aparecido ninguna otra entidad ni instrumento que ocupe su lugar y resuelva el «No tengo ni idea» supremo. Por el contrario, algunos científicos (me vienen a la mente Stephen Hawking y el difunto Carl Sagan) insisten en que una «teoría del todo» está a la vuelta de la esquina, y en que, cuando lleguemos a ella, lo sabremos esencialmente todo..., ahora, en cualquier momento.

Pero todavía no ha ocurrido, ni ocurrirá. Y la razón no es la falta de esfuerzo ni de inteligencia, sino que la concepción subyacente que tenemos del mundo es en sí misma defectuosa. De modo que ahora, superpuesta a las anteriores contradicciones teóricas, poseemos una nueva capa de desconocimientos de los que vamos tomando conciencia con regularidad y frustración.

A pesar de ello, existe una solución que está a nuestro alcance, una solución de la que es indicio la frecuencia con la que, a medida que el viejo modelo se desmorona, vemos una respuesta asomar tras una esquina. Este es el problema de fondo: que hemos ignorado un componente crítico del cosmos, que nos lo hemos quitado de en medio porque no sabíamos qué hacer con él. Y ese componente es la conciencia.

EN EL PRINCIPIO HABÍA... ¿QUÉ? 2

Todas las cosas son una.

HERÁCLITO (540 -480 A. DE C.),
Sobre el universo.

¿Cómo puede un hombre cuya carrera profesional gira en torno a la expansión del método científico hasta sus límites últimos —la investigación de células madre, la clonación animal, la reversión del proceso de envejecimiento celular— dar testimonio de las limitaciones de su profesión?

Sin embargo, la vida es mucho más de lo que nuestra ciencia puede explicar, y esto es algo que se hace muy evidente en la vida cotidiana.

Hace poco, mientras cruzaba el puente que lleva al pequeño islote en el que vivo, la laguna estaba oscura y quieta. Me detuve y apagué la linterna. Me llamaron la atención varios objetos que centelleaban al lado del camino. Pensé que serían algunos de esos hongos que producen el fuego fatuo, *Clitocybe illudens*, cuyas caperuzas luminiscentes habrían empezado a abrirse paso a través de las hojas en descomposición. Me agaché para observar uno de ellos de cerca a la luz de la linterna, y resultaron ser las luminosas larvas del escarabajo europeo *Lampyris noctiluca*. Había algo increíblemente primitivo en su pequeño cuerpo oval segmentado; era como un *trilobite* que acabara de salir del mar Cámbrico 500 millones de años atrás. Ahí estábamos, el escarabajo y yo, dos seres vivos que habían entrado el uno en el mundo del otro y que, no obstante, estaban fundamentalmente vinculados a través de los tiempos. Él dejó de emitir su luz verdosa y yo, por mi parte, apagué la linterna.

Me pregunté entonces si nuestra breve interacción habría sido en modo alguno distinta de la que mantiene cualquier otro par de objetos en el universo. ¿Era aquella pequeña larva simplemente otra asociación de átomos —proteínas y moléculas— que giraban igual que los planetas alrededor del Sol? ¿Podía comprender aquello la lógica mecanicista?

Es verdad que las leyes de la física y de la química pueden explicar la biología rudimentaria de los organismos vivos, y, como médico que soy, puedo recitar con detalle los fundamentos químicos y la organización de las células animales: oxidación, metabolismo biofísico, y todas las secuencias de hidratos de carbono, lípidos y aminoácidos. Pero aquel bichito luminoso era mucho más que la suma de sus funciones bioquímicas. No se puede tener un conocimiento pleno de la vida estudiando solo células y moléculas; y a la inversa, no se puede estudiar la existencia física separada de las estructuras de la vida animal que coordinan la percepción sensorial y la experiencia.

Parece probable que aquella criatura fuera el centro de su propia esfera de realidad física del mismo modo exactamente que yo era el centro de la mía. Estábamos conectados no solo por una conciencia entrelazada, ni simplemente por el hecho de estar vivos en el mismo momento de los 3.900 millones de años de historia biológica de la Tierra, sino por algo misterioso y sugestivo: un patrón que sirve de plantilla al propio cósmos.

Al igual que la existencia de un sello de correos de Elvis representaría para un alienígena mucho más que una mera imagen instantánea dentro de la historia de la música pop, aquella larva tenía una historia que contar que podría revelarnos incluso las profundidades de un agujero negro..., con tal de que tuviéramos la mentalidad adecuada para comprenderla.

A pesar de que el escarabajo se quedara allí quieto, en la oscuridad, tenía pequeñas patas, alineadas con precisión bajo el cuerpo segmentado, y células sensoriales que transmitían mensajes a las células de su cerebro. Quizá aquella criatura fuera demasiado primitiva como para recoger información y localizar con exactitud mi posición en el espacio; tal vez en su universo mi existencia no fuera más que una gigantesca sombra peluda que sostenía una linterna en el aire. No lo sé. Pero no tengo duda de que, según me levanté para irme, me dispersé en una nube de probabilidad en torno a su pequeño mundo.

Hasta la fecha, nuestra ciencia ha sido incapaz de reconocer esas propiedades especiales de la vida que la hacen fundamental para la realidad material. Esta perspectiva del mundo —el biocentrismo—, en la que la vida y la conciencia son la base imprescindible para comprender el universo a gran escala, gira en torno a cómo una experiencia subjetiva, a la que llamamos conciencia, se relaciona con el proceso físico.

Este es un gran misterio que he intentado resolver a lo largo de toda mi vida —con mucha ayuda a lo largo del camino— alzándome sobre los hombros de algunas de las mentes más preclaras y ensalzadas de la Edad Moderna. He llegado asimismo a conclusiones que habrían chocado de frente con las convenciones de mis predecesores, al situar la biología por encima de las demás ciencias en un intento de encontrar la teoría del todo que ha escapado a otras disciplinas.

Parte del entusiasmo que sentimos al oír anunciar la secuenciación del genoma humano, o la idea de que estamos muy cerca de entender el primer segundo que siguió al *Big Bang*, reside en nuestro deseo humano innato de compleción y totalidad.

No obstante, la mayoría de estas teorías globales olvidan tener en cuenta un factor crucial: que somos nosotros los que las creamos; es la criatura biológica la que redacta los relatos, la que hace las observaciones y pone nombre a lo que ve. Y en eso reside la magnitud de nuestra omisión, en que la ciencia no se ha enfrentado a eso que es precisamente lo más cotidiano y a la vez lo más misterioso: la percepción consciente. Como escribió Emerson en *Experiencia*, un ensayo que se enfrentaba al positivismo fácil de su época: «Hoy día sabemos que no vemos los objetos directa sino mediatamente, y que no tenemos manera de corregir los lentes coloreados y distorsionadores que somos, ni de computar el número de errores que cometen. Quizá estos lentes-sujeto tengan un poder creativo; *quizá no haya objetos*».

George Berkeley, que dio nombre al campus universitario y a la ciudad, llegó a una conclusión parecida: «Lo único que percibimos —dijo— son nuestras percepciones».

Un biólogo tal vez sea a primera vista la fuente menos probable de una nueva teoría del universo. Sin embargo, en este momento en que los biólogos creen haber descubierto la «célula universal», en forma de células madre embrionarias, y en el que algunos cosmólogos predicen que sería posible postular una teoría unificada del universo dentro de las dos próximas décadas, tal vez sea inevitable que un biólogo intente finalmente unificar las actuales teorías del «mundo físico» y las del «mundo vivo». ¿Qué otra disciplina podría hacerlo? A este respecto, la biología debería ser realmente el primer y último estudio de la ciencia, ya que es nuestra propia naturaleza la que se nos revela gracias a las ciencias naturales que el ser humano ha creado para entender el universo.

Nos amenaza también un serio problema: no hemos conseguido proteger la ciencia de las teorías especulativas, que han logrado infiltrarse tan sutilmente en la corriente tradicional de pensamiento que en la actualidad las damos por hecho. El «éter» del siglo XIX, el «espacio-tiempo» de Einstein o la «teoría de cuerdas» del nuevo milenio —que propone la existencia de nuevas dimensiones en distintos ámbitos, no solo de cuerdas sino de «burbujas» que relumbran por los caminos secundarios del universo— son ejemplos de dicha especulación. Y en efecto, hoy día se visualizan por todas partes dimensiones nunca vistas (hasta cien en determinadas teorías), algunas de ellas enroscadas como pajitas de refresco en cada punto del espacio.

La preocupación actual por las indemostrables «teorías físicas del todo» es un sacrilegio para la ciencia, un extraño giro que nos desvía del propósito del método científico, cuya biblia siempre ha decretado que debemos cuestionarlo todo incesantemente y no adorar lo que Bacon llamó «los ídolos de la mente». La física moderna recuerda a la isla fantástica del libro de Jonathan Swift: vuela precariamente sobre la Tierra, indiferente al mundo que hay debajo. Cuando, para resolver los conflictos de una teoría, la ciencia se dedica a sumarle y restarle dimensiones al universo —igual que si fueran casas sobre un tablero de Monopoly—, dimensiones desconocidas para nuestros sentidos y de las que no existe ni la menor prueba basada en la observación ni en la experiencia, es hora de pedir tiempo muerto y examinar nuestros dogmas. Es más, cuando las ideas se lanzan caprichosamente sin ningún respaldo de la física ni esperanza de demostración experimental, quizá debamos preguntarnos si a esto se le puede seguir llamando ciencia. «Sin observar algo —dice el experto en relatividad Tarun Biswas, profesor de la Universidad del Estado de Nueva York—, no tiene ningún sentido postular teorías.»

Pero es posible que las grietas del sistema sean precisamente las que permitan que la luz brille más directamente sobre el misterio de la vida.

El origen de la actual rebeldía es siempre el mismo: el intento que hacen los físicos por sobrepasar los límites legítimos de la ciencia. Las cuestiones que con más ansiedad desean resolver están de hecho inextricablemente unidas a la vida y a la ciencia; no obstante, la suya es una empresa vana y sin fin, pues los físicos no pueden dar ninguna verdadera respuesta a esas preguntas.

Si es cierto que tradicionalmente los físicos han abordado las cuestiones más fundamentales del universo con grandes teorías unificadas —atrayentes y glamurosas—, también lo es que tales teorías siguen siendo una evasión, si no una revocación, del misterio central del conocimiento; y ese misterio es que, no se sabe cómo, ¡las leyes del mundo crearon, antes que nada, al observador! Este es precisamente uno de los temas centrales del biocentrismo y de este libro: que el observador animal crea la realidad, y no a la inversa.

No se trata de una manera ligeramente distinta de ver el mundo. Tanto nuestro sistema educativo en todas las disciplinas como la construcción del lenguaje y todos los supuestos socialmente aceptados —punto de partida de nuestras conversaciones— giran en torno a una mentalidad básica que acepta plenamente que «fuera» hay un universo separado al que individualmente hemos ido llegando y en el que existimos con carácter puramente temporal. Y lo que es más, está asumido que percibimos con exactitud esa realidad externa preexistente y que no desempeñamos ningún papel, o en todo caso un papel mínimo, en su aparición.

Así pues, el primer paso para construir una alternativa creíble es cuestionar la idea tradicionalmente aceptada de que el universo existiría incluso si estuviera desprovisto de vida y no hubiera en él ningún tipo de conciencia que lo percibiera. Pese a que, para darle la vuelta a una forma de ver el mundo tan extendida y arraigada como la actual, quizá haga falta el resto del libro y la lectura de otros documentos de fuentes muy diversas que presenten pruebas fehacientes, sin duda podemos empezar por la simple lógica. Es bien sabido que grandes pensadores de épocas pasadas recalcaron que la lógica sola bastaba para concebir el universo bajo una nueva luz, y no las complejas ecuaciones ni los datos experimentales que requieren la utilización de colisionadores de partículas por valor de 50.000 millones de dólares. Como veremos, basta un poco de reflexión para que resulte obvio que, sin percepción, no puede haber realidad.

Si está ausente el acto de ver, de pensar, de oír —es decir, la percepción consciente en sus innumerables aspectos—, ¿qué tenemos? Podemos creer y asegurar que habría un universo fuera incluso aunque todas las criaturas vivas dejaran de existir, pero esta idea es un mero pensamiento, y un pensamiento requiere que haya un organismo pensante. Sin ningún organismo, ¿qué más da que todo lo demás esté *realmente* ahí? Examinaremos esto con mucho mayor detalle en el capítulo siguiente; por ahora, probablemente estemos de acuerdo en que tales líneas de investigación empiezan a oler a filosofía, y en que es mucho mejor que nos mantengamos alejados de ese cenagal tenebroso y respondamos a la cuestión haciendo uso únicamente de la ciencia.

De momento, pues, aceptaremos con carácter provisional que aquello que reconoceríamos clara y terminantemente como existencia debe empezar por la vida y la percepción. Porque ¿qué sentido podría tener la existencia si no hubiera conciencia de ninguna clase?

Tomemos el hecho lógico, aparentemente innegable, de que nuestra cocina siempre está donde está, con todo su contenido de formas y colores habituales, tanto si estamos en ella como si no. Por la noche, apagamos la luz, salimos por la puerta y nos dirigimos al dormitorio. Por supuesto, la cocina sigue ahí, aunque no la veamos, la noche entera. ¿No es cierto?

Pero pensemos un poco: la nevera, el horno y todo lo demás están compuestos de una reluciente nube de materia/energía. La teoría cuántica, a la que dedicaremos dos capítulos enteros, nos dice que ni una sola de esas partículas subatómicas existe de hecho en un lugar definido; en lugar de eso, existen meramente como un campo de probabilidades no manifiestas. En presencia de un observador —por ejemplo, cuando volvemos a entrar para beber un vaso de agua—, la función de onda de cada una de ellas se colapsa y adopta una posición perceptible, una realidad física. Hasta entonces, no es más que una nube de posibilidades. Y espera, si esto te suena demasiado descabellado, olvídate de la locura cuántica y quédate con la ciencia cotidiana, que llega a una conclusión similar, dado que las formas y los colores que conoces como tu cocina se ven como se ven solo porque los fotones de luz que provienen de la bombilla del techo rebotan en los diversos objetos e interactúan luego con tu cerebro a través de una compleja serie de intermediarios retinales y neuronales. Esto es innegable; es ciencia básica de primero de la ESO. El problema es que la luz no *tiene* ningún color ni características visuales, como veremos en el capítulo siguiente. Por lo tanto, aunque pienses que tu cocina, tal como la recuerdas, estaba «ahí» en tu ausencia, la realidad es que nada remotamente semejante a lo que puedas imaginar podía estar presente mientras una conciencia no interactuara. (Si esto te parece imposible, permanece atento, porque este es uno de los aspectos más sencillos y fácilmente demostrables del biocentrismo.)

En realidad, es aquí donde el biocentrismo llega a una concepción de la realidad muy diferente de la generalmente aceptada durante los últimos siglos. La mayoría de la gente, dentro y fuera del ámbito de las ciencias, imagina que el mundo exterior existe por sí mismo y que tiene una apariencia más o menos igual a la que nosotros vemos. Los ojos humanos o animales son, de acuerdo con esta concepción, meras ventanas que dejan entrar el mundo con exactitud; y si nuestra ventana personal deja de existir, como cuando alguien muere, o está pintada de negro y es opaca, como en la persona ciega, eso no afecta en absoluto la existencia continua de la realidad exterior ni su supuesta apariencia «real». El árbol sigue estando en su sitio, la luna sigue brillando, tanto si tenemos cognición de ellos como si no, puesto que tienen una existencia independiente. Según este razonamiento, el ojo y el cerebro humanos se han diseñado para permitirnos tener cognición de la apariencia visual *real* de las cosas, no para modificar nada. Es decir, que ciertamente, puede que un perro vea un arce otoñal solo en tonos de gris, y que un águila perciba las hojas con mucho mayor detalle, pero la mayoría de las criaturas captan en esencia el mismo objeto visualmente real, que sigue existiendo incluso aunque *ningún ojo* se fije en él.

No es así, dice el biocentrismo.

La pregunta «¿está realmente ahí?» es muy antigua, y por supuesto precede en el tiempo al biocentrismo, que no tiene ninguna pretensión de ser el primero en adoptar una postura al respecto. El biocentrismo, no obstante, *explica* por qué una de las dos concepciones, y no la otra, ha de ser la correcta. Lo contrario es también verdad: una vez que comprendemos plenamente que no hay un universo externo independiente fuera de la existencia biológica, el resto se coloca más o menos en su sitio.

EL SONIDO
QUE HACE UN
ÁRBOL AL CAER

3

¿Quién no ha razonado, o al menos oído, la vieja pregunta: «Si un árbol cae en un bosque en el que no hay nadie, ¿hace ruido?».

Si hacemos una encuesta rápida entre los amigos y la familia, nos encontraremos con que la mayoría de la gente responde afirmativamente con total convicción. «*Claro* que un árbol hace ruido al caer», me contestó alguien hace poco con un ligero pique, como si fuera una pregunta demasiado tonta para que valiera la pena dedicarle un solo instante de reflexión. Al tomar esta postura, lo que la gente afirma verdaderamente es su creencia en una realidad objetiva independiente. Es obvio que la mentalidad predominante da por hecho que el universo existe tanto si nosotros existimos como si no, lo cual encaja a la perfección con la idea occidental sostenida al menos desde tiempos bíblicos de que este «ser insignificante» que uno es, tiene muy poca importancia o trascendencia en el cosmos.

Pocos hacen una valoración acústica realista (o quizá son pocos los que tienen suficientes conocimientos científicos para hacerla) de lo que en realidad ocurre cuando ese árbol cae en medio del bosque. ¿Qué proceso hace que se produzca el sonido? Si nos perdonas por volver rápidamente a las Ciencias Naturales de quinto curso de primaria, he aquí un breve resumen: el sonido se crea por la perturbación que tiene lugar en algún medio, generalmente el aire, aunque el sonido viaja todavía con mayor rapidez y eficacia a través de materiales más densos, tales como el agua o el acero. Cuando las ramas y los troncos golpean violentamente el suelo, crean rápidas pulsaciones de aire. Una persona sorda puede percibir fácilmente algunas de esas pulsaciones, que son particularmente palpables en la piel cuando se repiten con una frecuencia de entre cinco y treinta veces por segundo. Lo que tenemos por tanto cuando el árbol cae son, en realidad, rápidas variaciones de la presión del aire, que se extienden por el medio circundante viajando a una velocidad de unos 1.200 kilómetros por hora, y, al hacerlo, pierden su coherencia hasta que se restablece en el aire la uniformidad de fondo. Según la ciencia más básica, esto es lo que ocurre incluso cuando está ausente el mecanismo cerebro-oído: una serie de alteraciones en la presión del aire, de magnitud diversa; ligerísimas y veloces ráfagas de viento, sin ningún sonido asociado a ellas.

Acerquemos ahora el oído a la escena. Si alguien está cerca, las ráfagas de aire hacen que físicamente el tímpano vibre, lo cual estimula los nervios *solamente* si el aire tiene entre 20 y 20.000 pulsaciones por segundo (con un límite máximo más cercano a las 10.000 para personas de más de cuarenta años, e incluso menos para aquellos de nosotros que hemos dedicado parte de nuestra malgastada juventud a asistir a ensordecedores conciertos de *rock*). El aire que sopla 15 veces por segundo no es intrínsecamente diferente del que sopla 30 veces; sin embargo, el primero nunca podrá ser percibido como sonido por el oído humano debido al diseño de nuestra estructura neuronal. En cualquier caso, los nervios estimulados por el movimiento del tímpano envían señales eléctricas a una sección del cerebro, lo cual tiene como resultado la cognición de un ruido. Esta experiencia es, entonces, indiscutiblemente simbiótica. Las pulsaciones del aire no constituyen por sí mismas ningún tipo de sonido, lo que resulta obvio, dado que las ráfagas de aire de 15 pulsaciones siguen siendo silenciosas por muchos oídos que estén presentes. La estructura neuronal del oído está diseñada para que solo cuando existe un rango específico de pulsaciones, pueda la conciencia humana crear la experiencia del ruido. En resumen, un observador, un oído y un cerebro son exactamente igual de necesarios para que exista la experiencia del sonido que las pulsaciones del aire. El mundo exterior y la conciencia son correlativos. Y un árbol que cae en un bosque desierto únicamente produce pulsaciones de aire silenciosas..., minúsculas ráfagas de aire.

Cuando alguien responde con tono de desprecio: «Claro que un árbol hace ruido al caer aunque no haya nadie cerca», lo único que demuestra es su incapacidad para reflexionar sobre un acontecimiento que nadie presenció. A esa persona le resulta demasiado difícil sustraerse de la ecuación; sea como fuere, sigue imaginándose a sí misma presente, cuando en realidad estaba ausente.

Pensemos ahora en una vela encendida colocada sobre una mesa en ese mismo bosque desierto. No es que la idea sea muy aconsejable, pero vamos a imaginar que Smokey Bear está supervisándolo todo con un extintor de incendios preparado mientras cavilamos sobre si la llama tiene fulgor y un color amarillo intrínsecos cuando nadie la observa.[1]

Incluso contradiciendo los experimentos cuánticos y suponiendo que los electrones y todas las demás partículas hubieran adoptado posiciones reales en ausencia de ningún observador (hablaremos extensamente sobre esto más adelante), la llama sigue siendo un mero gas caliente. Como cualquier otra forma de luz, emite fotones, o pequeños grupos de ondas de energía electromagnética. Cada una de ellas está formada por pulsaciones eléctricas y magnéticas, y estas exhibiciones momentáneas de electricidad y magnetismo son el espectáculo entero, la naturaleza de la luz.

Si nos basamos en la experiencia cotidiana, vemos fácilmente que ni la electricidad ni el magnetismo tienen propiedades visuales; así pues, no es difícil de entender que, por sí sola, la llama de la vela no tenga ni brillo ni color. Ahora permitamos que esas mismas ondas electromagnéticas invisibles incidan en la retina humana, y si (exclusivamente en ese caso) las ondas miden entre 400 y 700 nanómetros de longitud cada una entre cresta y cresta, será su energía justamente la apropiada para enviar un estímulo a los 8 millones de células cónicas de la retina. Entonces, cada una de ellas enviará a su vez una pulsación eléctrica a una neurona vecina, y así continúa esto ascendiendo, a 400

---

1. Smokey Bear es el oso negro que hace de portavoz publicitario de los Servicios Forestales de Estados Unidos. (N. de la T.)

kilómetros por hora, hasta alcanzar el húmedo lóbulo occipital del cerebro, en la parte posterior de la cabeza. Allí, una compleja cascada de neuronas se disparan a causa del estímulo entrante, y subjetivamente percibimos esta experiencia como un brillo dorado localizado en un lugar al que se nos ha condicionado a llamar «el mundo exterior». Otras criaturas que reciban idéntico estímulo experimentarán algo totalmente distinto, tal como una percepción gris, o incluso tendrán una sensación de un tipo completamente diferente. La cuestión es que no existe una luz «de color amarillo brillante ahí fuera»; como mucho, habrá una corriente invisible de pulsaciones eléctricas y magnéticas. Nuestra presencia es imprescindible para que exista la experiencia de lo que llamaríamos una llama amarilla. Una vez más, es algo correlativo.

¿Y cuando tocamos un objeto? ¿Acaso no es sólido? Apretamos la mano contra el tronco del árbol caído y sentimos una presión; pero también esta es una sensación que existe estrictamente dentro de nuestro cerebro y que sencillamente se «proyecta» a los dedos, cuya existencia reside asimismo dentro de la mente. Y lo que es más, la sensación de presión no la causa el contacto con un objeto sólido, sino el hecho de que los átomos tengan electrones de carga negativa en sus capas externas. Como todos sabemos, las cargas del mismo tipo se repelen una a otra; por eso los electrones de la corteza repelen a los nuestros, y sentimos que esa fuerza eléctrica de repulsión nos detiene los dedos, impidiéndoles penetrar más allá. No hay nada sólido que entre en contacto con otros sólidos cuando apretamos la mano contra el tronco de un árbol. Los átomos de nuestros dedos están todos ellos igual de vacíos que un estadio en el que no hay más ser vivo que una mosca posada en la línea de 45 metros. Si necesitáramos sólidos que nos detuvieran (en lugar de campos de energía), nuestros dedos podrían penetrar en el árbol con facilidad, como si estuviéramos dando manotazos a la niebla.

Pensemos en un ejemplo mucho más intuitivo todavía: el arco iris. La súbita aparición entre las montañas de esos colores yuxtapuestos puede dejarnos sin aliento, pero la verdad es que somos absolutamente imprescindibles para que el arco iris exista. Cuando no hay nadie presente, sencillamente no hay arco iris.

¡Otra vez no!, pensarás, pero quédate donde estás, porque esta vez es más obvio que nunca. Son necesarios tres componentes para que haya un arco iris: debe haber sol, debe haber gotas de lluvia y debe haber un ojo consciente (o su sustituto, un rollo de película) dispuestos en una posición geométrica precisa. Si nuestros ojos miran en dirección exactamente opuesta al sol (es decir, al punto antisolar, que siempre está marcado por la sombra de nuestra cabeza), las gotas de agua iluminadas por él producirán un arco iris que rodeará ese punto preciso a una distancia de cuarenta y dos grados. Pero los ojos deben estar situados en ese punto en que la luz refractada por las gotas iluminadas por el sol converge para completar la geometría necesaria. Una persona que esté a nuestro lado completará su propia geometría, y se encontrará en la punta de un cono formado por una serie de gotas de agua enteramente distintas, por lo cual verá un arco iris que será también el suyo propio. Probablemente tendrá un aspecto igual al del nuestro, aunque no tiene por qué ser necesariamente así, pues quizá las gotas de agua que sus ojos intercepten sean de diferente tamaño, y, cuanto mayores sean las gotas, más vívido será el arco iris, aunque disminuirá la tonalidad azul.

Pero, además, si las gotas iluminadas por el sol están muy cerca, como las de un aspersor que está regando el césped, la persona que esté a nuestro lado posiblemente ni siquiera vea un arco iris. Nuestro arco iris es solo nuestro. Y ahora llegamos a lo que nos interesa: ¿qué sucede si no hay nadie? La respuesta es que, entonces, no existe arco iris. Es necesario que esté presente un sistema ojo-cerebro (o su sustituto, una cámara, cuyos resultados no los verá hasta más tarde un observador consciente) para completar la geometría. Tan real como parece el arco iris, necesita de nuestra presencia tanto como necesita del sol y de la lluvia.

Es fácil entender que no haya arco iris si no hay ninguna persona ni animal presentes. O, si se prefiere, hay incontables billones de arcos *potenciales*, cada uno de ellos borrosamente separado del siguiente por un margen mínimo. Nada de esto es especulativo ni filosófico; es la ciencia básica que podríamos encontrarnos en cualquier clase de Ciencias Naturales de primaria.

Pocos rebatirían la naturaleza subjetiva del arco iris, que, ya de entrada, ocupa un lugar tan destacado en los cuentos de hadas que parece pertenecer a nuestro mundo solo marginalmente. Será entender de verdad que la visión de un rascacielos depende del observador exactamente en el mismo grado lo que significará que hemos dado el primer salto hacia la verdadera naturaleza de las cosas.

Y esto nos lleva al primer principio del biocentrismo:

Primer principio del biocentrismo:
LO QUE PERCIBIMOS COMO REALIDAD ES UN PROCESO QUE
EXIGE LA PARTICIPACIÓN DE LA CONCIENCIA.

LUCES Y
¡ACCIÓN!

4

Mucho antes de entrar en la Facultad de Medicina, mucho antes de empezar a investigar la vida de las células y a clonar embriones humanos, me fascinaba el complejo e inaprensible misterio del mundo natural. Algunas experiencias de aquella edad temprana me llevaron a desarrollar mi actual punto de vista biocéntrico: desde una infancia dedicada a la exploración de la naturaleza y las aventuras que viví con un pequeño primate, que compré por dieciocho dólares respondiendo a un anuncio que encontré al final de la revista *Field and Stream*, hasta los experimentos genéticos con gallinas que hice siendo adolescente, y a consecuencia de los cuales el prestigioso neurobiólogo de la Universidad de Harvard Stephen Kuffler me tomó bajo su tutela.

Mi camino hacia Kuffler empezó, muy apropiadamente, en las ferias de la ciencia, que eran para mí un antídoto contra aquellos que me miraban con desprecio debido a mis circunstancias familiares. Una vez, después de que a mi hermana la expulsaran del instituto, el director le dijo a mi madre que no estaba en condiciones de tener hijos a su cargo. Yo pensé que, si me esforzaba en serio, podría mejorar mi situación. Solía visualizar que un día recogería un galardón delante de todos aquellos profesores y compañeros de clase que se rieron de mí cuando dije que iba a participar en una feria de la ciencia. Me entregué de lleno a un nuevo proyecto, un ambicioso intento de modificar la estructura genética de un grupo de gallinas blancas y hacerlas negras. Mi profesor de Biología me dijo que era imposible, y mis padres pensaron que simplemente estaba intentando incubar huevos de gallina y se negaron a llevarme a la granja para comprarlos.

Un día me convencí a mí mismo de que debía hacer un viaje a la Facultad de Medicina de Harvard, tomando el autobús que salía de Stoughton, donde vivía, y después el tranvía. Subí las escaleras que conducían a las puertas principales; las grandes losas de granito estaban desgastadas por el paso de las generaciones. Una vez dentro, confié en que los hombres de ciencia me recibirían con amabilidad y me ayudarían con mi proyecto. Era ciencia, al fin y al cabo, y con eso debía bastar. Pero resultó que no pasé del guarda de la entrada.

Me sentí como Dorothy en la ciudad esmeralda cuando el guardia del palacio le dice: «Váyase». Por suerte, encontré en la parte posterior del edificio un poco de espacio donde recobrar el aliento y decidir qué haría a continuación. Las puertas estaban todas cerradas con llave. Estuve de pie junto a los contenedores de basura durante quizá media hora, y entonces vi que se me acercaba un hombre, de mi misma estatura, vestido con una camiseta y pantalones de faena de color caqui. «El encargado de mantenimiento —pensé—, viéndole dirigirse hacia la puerta de atrás», y ese pensamiento me hizo caer en la cuenta de cómo podría introducirme en el edificio.

Un momento después, estábamos de pie el uno frente al otro. «A él le da lo mismo que esté aquí —me dije—; solo se encarga de limpiar los suelos.»

—¿Puedo ayudarte? –preguntó.

—No –le contesté–. Tengo que hacerle una pregunta a un profesor de Harvard.

—¿Buscas a algún profesor en particular?

—En realidad, no... Es sobre el ADN y las nucleoproteínas. Estoy intentando inducir una síntesis de melanina en gallinas albinas –dije. Mis palabras se encontraron con una mirada de sorpresa. Al ver el impacto que habían causado en aquel hombre, seguí, pese a estar convencido de que ni siquiera sabía lo que era el ADN–. Mire usted, el albinismo es una enfermedad autosómica recesiva...

Seguimos hablando y, en cierto momento, le dije que trabajaba en la cafetería del instituto y que era amigo del señor Chapman, el conserje, que vivía al final de la calle. Me preguntó si mi padre era médico. Me reí.

—No, es jugador profesional. Juega al póquer.

Creo que fue en ese momento cuando nos hicimos amigos. Después de todo, daba por hecho que los dos pertenecíamos a la misma clase desfavorecida.

Lo que no sabía, por supuesto, es que se trataba del doctor Stephen Kuffler, el neurobiólogo mundialmente conocido que había sido nominado para el Premio Nobel. Si me lo hubiera dicho, habría salido corriendo; sin embargo, en aquel instante me sentí como un maestro de escuela dándole una lección a un alumno. Le conté el experimento que había hecho en el sótano, cómo había modificado la estructura genética de una gallina blanca para hacerla negra.

—Tus padres deben de estar orgullosos de ti –me dijo.

—No saben lo que hago. Procuro no cruzarme en su camino. Piensan que simplemente estoy intentando incubar huevos de gallina.

—¿No han sido ellos los que te han traído?

—No –le contesté–. Si supieran que estoy aquí, me matarían. Creen que estoy jugando en mi casa del árbol.

Insistió en presentarme a un «doctor de Harvard». Dudé. A fin de cuentas, él no era más que el conserje, y no quería que se metiera en ningún lío.

—No te preocupes por mí –me dijo con una amplia sonrisa.

Me llevó a una sala atestada de instrumental sofisticado. Un «doctor» que miraba a través de un instrumento con extrañas sondas de manipulación remota estaba a punto de insertar un electrodo en la célula nerviosa de una oruga (aunque yo entonces no lo sabía, el «doctor» era en realidad el alumno de posgrado, Josh Sanes, actualmente miembro de la Academia Nacional de Ciencias y director del Centro de Ciencias del Cerebro de la Universidad de Harvard). A su lado, una pequeña centrifugadora cargada de muestras giraba y giraba. Mi amigo le susurró algo al doctor por encima del hombro, pero el quejumbroso sonido del motor ahogó sus palabras. El doctor me sonrió con una mirada curiosa y suave.

—Pasaré por aquí más tarde –dijo mi nuevo amigo.

Desde aquel momento, todo fue un sueño hecho realidad. El doctor y yo hablamos toda la tarde. Y luego miré el reloj.

—¡No! Es muy tarde. ¡Tengo que irme!

Volví rápidamente a Stoughton y me fui derecho a la casa del árbol. Aquella noche, la llamada de mi madre atravesó el bosque con un sonido semejante al pitido de una locomotora: «¡Rob...by! ¡Hora de cenar!».

Nadie tenía aquella noche la menor idea —ni siquiera yo— de que había conocido a uno de los más destacados científicos del mundo. En los años cincuenta, Kuffler había perfeccionado una noción que combinaba diversas disciplinas médicas, fusionando elementos de bioquímica, histología, anatomía, fisiología y microscopía de electrones en un solo grupo. El nuevo nombre que le dio a este campo fue el de «neurobiología».

El Departamento de Neurobiología de Harvard se creó en 1966, con Kuffler como director. Durante la carrera de Medicina, en cierto momento acabé usando su obra *From Neurons to Brain* como libro de texto.

Jamás hubiera podido predecirlo, pero en los meses siguientes el doctor Kuffler me ayudaría a entrar en el mundo de la ciencia. Volví a Harvard muchas veces, y pude charlar con los científicos en su laboratorio mientras investigaban las neuronas de las orugas. De hecho, hace poco encontré una carta que Josh Sanes envió en aquella época a los Laboratorios Jackson, en la que decía: «Si comprueban sus registros, verán que hace unos meses Bob encargó cuatro ratones de los laboratorios, lo cual lo dejó en la bancarrota durante un mes. En la actualidad, tiene que elegir entre ir al baile de su graduación o comprar unas docenas de huevos más». Aunque finalmente decidí ir al baile, había empezado a intrigarme tanto la importancia del sistema sensoriomotor —de la conciencia y de la percepción sensitiva animal— que varios años más tarde volvería a Harvard para trabajar con el famoso psicólogo B. F. Skinner.

Ah, y por cierto, gané el primer premio en la feria de la ciencia con el proyecto de las gallinas, y el director tuvo que felicitar a mi madre delante de todo el instituto.

Al igual que hicieron Emerson y Thoreau —dos de los grandes trascendentalistas americanos—, pasé la juventud explorando los frondosos bosques de Massachusetts, rebosantes de vida. Y lo más importante es que descubrí que, por cada vida, había un universo, su *propio* universo. Observando a aquellas criaturas, empecé a ver que cada una de ellas parecía generar una esfera de existencia, y me di cuenta de que es posible que nuestras percepciones sean únicas, aunque quizá no especiales.

Uno de los primeros recuerdos que tengo de la niñez es el de traspasar el césped que marcaba el límite del jardín que había detrás de la casa y aventurarme en las zonas silvestres con hierbas altas y arbustos que bordeaban el bosque. En la actualidad, la población mundial se ha duplicado, pero todavía hay muchos niños que sin duda saben dónde termina el mundo conocido y dónde empieza el indómito, ligeramente temible y peligroso, universo salvaje. Un día, después de traspasar el límite de lo organizado y adentrarme en la espesura, me abrí paso entre los matorrales y llegué a un viejo manzano de tronco retorcido totalmente cubierto por las enredaderas. Encontré la manera de deslizarme hasta el pequeño claro que se ocultaba detrás de ellas. Me parecía maravilloso, por una parte, haber descubierto un lugar cuya existencia no conocía ningún otro ser humano, pero, por otra, estaba confundido sobre si aquel lugar habría existido si yo no lo hubiera descubierto. Había recibido una educación católica, así que pensé que había encontrado un lugar especial en el gran teatro de Dios... y que, desde algún lugar estratégico celestial, el Creador Supremo me observaba y examinaba con gran atención, quizá casi con tanto detalle como luego un día, siendo estudiante de Medicina, escudriñaría yo a través del microscopio las pequeñas criaturas que se arremolinan y se multiplican en una gota de agua.

En aquel momento lejano, otras preguntas llegaron a mi mente, perturbando el sentimiento de admiración, aunque entonces no podía saber que aquellas cavilaciones eran al menos tan antiguas como mi propia especie. Si Dios realmente había hecho el mundo, ¿quién había hecho a Dios? Esta pregunta me atormentaba sin cesar desde mucho antes de ver por primera vez micrografías de ADN o el rastro que la materia y la antimateria dejaban en una cámara de burbujas al colisionar partículas de alta energía. Sentí, tanto instintiva como intelectualmente, que no tenía sentido que aquel lugar existiera si nadie lo observaba.

Mi vida familiar, como ya he dado a entender, estaba lejos de parecerse al ideal que plasmó el ilustrador americano Norman Rockwell. Mi padre era jugador profesional, esa era su forma de ganarse la vida, y ninguna de mis tres hermanas terminaron la enseñanza secundaria. Los esfuerzos que mi hermana mayor y yo hacíamos por escapar a las palizas de mi padre me fueron curtiendo para enfrentarme a la que auguraba que iba a ser una vida conflictiva. Como mis padres no me dejaban permanecer en casa salvo para comer o dormir, casi siempre estaba solo. Para divertirme, hacía excursiones hasta el interior de los bosques de los alrededores, siguiendo el curso de los arroyos y el rastro de los animales. No había cenagal ni riachuelo demasiado enfangado o peligroso. Estaba seguro de que nadie había visto antes aquellos lugares, e imaginaba que, para la gran mayoría de la gente, ni siquiera existían. Pero existían, claro está. Rebosaban de tanta vida como cualquier gran ciudad, llenos de culebras, ratas almizcleras, mapaches, tortugas y aves.

Mi conocimiento de la naturaleza empezó en aquellos viajes. Daba la vuelta a los troncos caídos en busca de salamandras y trepaba a los árboles para investigar los nidos de las aves y los agujeros que se abrían en los troncos. Después, al cavilar sobre las grandes preguntas existenciales relacionadas con la naturaleza de la vida, comencé a intuir que había algo incongruente en la concepción estática y objetiva de la realidad que nos enseñaban en el colegio. Los animales a los que observaba tenían sus propias percepciones del mundo, sus propias realidades. Aunque el suyo no fuera el mundo de los seres humanos —un mundo de aparcamientos y supermercados—, era igual de real para ellos. ¿Qué era, entonces, lo que de verdad tenía lugar en este universo?

Una vez encontré un viejo árbol lleno de nudos y con las ramas secas. Tenía un agujero gigantesco en el tronco, y no pude resistir la tentación. Me quité los calcetines sin hacer ruido y me enfundé las manos en ellos; luego metí una mano en el agujero para investigar. Un frenético batir de plumas me dejó clavado en el sitio al tiempo que sentía cómo unas garras y un pico se me clavaban en los dedos. Cuando retiré la mano, un pequeño búho con orejas formadas por copetes de plumas me devolvió fijamente la mirada. Ahí había otra criatura que vivía en su propio mundo, y sin embargo aquel era un ámbito que ella y yo teníamos en común. La dejé ir, pero el que volvió a casa era un muchacho ligeramente cambiado. El mundo que habían sido para mí mi casa y mi barrio pasó a ser simplemente una parte de un universo habitado por la conciencia…, igual y a la vez aparentemente distinto del mío.

Tenía alrededor de nueve años cuando me quedé de verdad fascinado por la cualidad inexplicable e inaprensible de la vida. Cada vez estaba más claro que la vida tenía algo fundamentalmente inexplicable, una fuerza que me era imposible no sentir, aunque todavía no la entendiera. Aquel día salí a atrapar a una marmota que tenía su madriguera junto a la casa de Barbara. Su marido, Eugene, el señor O'Donnell, era uno de los últimos herreros de Nueva Inglaterra. Nada más llegar, me di cuenta de que el sombrerete de la chimenea que se elevaba sobre su taller daba vueltas y vueltas, chirriando y traqueteando sin parar. En ese momento, el herrero salió de repente escopeta en mano y, casi sin mirarme, apuntó hacia la chimenea y disparó. El sombrerete se detuvo al instante. No, me dije a mí mismo, no quería que aquel hombre me descubriera merodeando por allí.

No era fácil llegar al agujero de la marmota; allí tendido, estaba tan cerca del taller del señor O'Donnell que recuerdo que oía el sonido del fuelle que aventaba el carbón de la forja. Me arrastré sin hacer ruido por la hierba crecida, sacando ocasionalmente de su estupor a un saltamontes o a una mariposa. Cavé un hoyo debajo de una mata de hierba para colocar una trampa de acero que acababa de comprar en la ferretería. Puse delante de ella un poco de tierra de la que había excavado y la oculté al borde del hoyo, asegurándome de que no había piedras ni raíces que obstruyeran el funcionamiento del dispositivo metálico. Por último, cogí una estaca y, piedra en mano, empecé a darle golpes para clavarla en el suelo. Ese fue mi error. Estaba tan absorto que no me di cuenta de que alguien se acercaba, así que me quedé absolutamente petrificado al oír:

—¿Qué haces?

Al levantar la vista, vi de pie a mi lado al señor O'Donnell, que inspeccionaba meticulosamente el terreno, muy despacio y con gran interés, hasta que sus ojos dieron con la trampa. No dije nada; me quedé allí callado intentando no llorar.

—Dame esa trampa, chico —me dijo—, y ven conmigo.

Aquel hombre me daba demasiado miedo como para pensar en llevarle la contraria. Hice lo que me dijo, y le seguí al interior del taller, un mundo nuevo y extraño abarrotado de toda clase de herramientas y de campanas de diferentes tamaños y sonidos que colgaban del techo. Contra la pared, estaba la forja, abierta hacia el centro de la habitación. Tras poner el fuelle en funcionamiento, el señor O'Donnell echó la trampa sobre el carbón ardiente y apareció debajo de ella un poco de fuego; el carbón fue calentándose y calentándose hasta que, con un resoplido súbito, ardió en llamas.

—Este artilugio puede hacer daño a los perros, ¡e incluso a los niños! –dijo mientras atizaba las brasas con unas tenazas. Cuando la trampa estuvo al rojo vivo, la sacó de la forja y, con el martillo, le dio golpes hasta convertirla en un pequeño cuadrado.

Durante un rato no dijo nada, esperando a que se enfriara el metal. Yo, mientras tanto, estaba totalmente absorto mirando a mi alrededor y estudiando en detalle todas las figurillas, carillones y veletas. Expuesta con orgullo sobre una balda había una máscara de guerrero romano. Finalmente, me dio unos golpecitos en el hombro, y luego me enseñó varios esbozos de una libélula.

—Te propongo una cosa –me dijo–. Te daré cincuenta centavos si me atrapas una libélula.

La idea me entusiasmó. Le dije que sí, y cuando me marché estaba tan contento que me había olvidado por completo de la marmota y de la trampa.

Al día siguiente, nada más levantarme, salí al campo con un tarro de mermelada vacío y una red de cazar mariposas. El aire estaba plagado de insectos, y revoloteaban alrededor de las flores una infinidad de mariposas y abejas, pero no encontraba ninguna libélula; hasta que finalmente, según recorría el último de los prados, las largas hojas velludas de una espadaña me llamaron la atención. Una inmensa libélula zumbaba dando vueltas y vueltas a su alrededor, y cuando al final la atrapé, me fui saltando y brincando todo el camino hasta el taller del señor O'Donnell, un lugar que para mí acababa de transformarse y de perder su embrujada aura de misterio y terror.

El señor O'Donnell tomó una lupa, levantó el tarro para acercarlo a la luz e hizo un meticuloso estudio de la libélula. Escogió una de entre varias varillas y barras que había contra la pared y luego, con unos pequeños golpes de martillo, forjó con ella una espléndida figurilla, que era una imagen perfecta del insecto. Aunque trabajaba con metal, la figura tenía el mismo aire de belleza liviana y etérea que aquella delicada criatura. Pero no la captó en su totalidad. Yo quería saber, incluso entonces, cómo era ser libélula, y percibir su mundo.

Jamás olvidaré aquel día mientras viva. Y aunque el señor O'Donnell ya murió, todavía está en su taller aquella pequeña libélula —ahora cubierta de polvo— para recordarme que la vida tiene algo mucho más inaprensible que la sucesión de formas que vemos cristalizadas en materia.

¿DÓNDE ESTÁ EL UNIVERSO? 5

En los últimos capítulos debatiremos sobre el espacio y el tiempo, y especialmente sobre la teoría cuántica, tratando de defender la causa del biocentrismo. No obstante, antes de eso vamos a hacer uso simplemente de la lógica para responder a una pregunta de lo más básico: ¿dónde está situado el universo? Es aquí donde necesariamente tendremos que desviarnos de la forma de pensar convencional y de las suposiciones comúnmente aceptadas, algunas de las cuales son inherentes a la lengua en sí.

A todos se nos enseñó de niños que el universo puede dividirse fundamentalmente en dos entidades: nosotros y aquello que está fuera de nosotros, lo cual parece lógico y obvio. Lo que me representa «a mí» está en general definido por lo que tengo bajo mi dominio. Puedo mover los dedos, pero no puedo menear los de otra persona, luego la dicotomía está en gran medida basada en la capacidad de manipulación. Normalmente se considera que la línea divisoria entre el yo y el no yo es la piel, lo cual lleva implícita la afirmación tajante de que yo soy este cuerpo y nada más.

Por supuesto, cuando un trozo de cuerpo deja de existir, como han experimentado algunas personas desafortunadas a las que se les han amputado ambas piernas, por ejemplo, uno sigue sintiendo que está igual de «presente» e igual de «aquí» que antes, y no tiene subjetivamente la sensación de que su presencia haya disminuido lo más mínimo. Esta misma lógica podría continuarse con facilidad hasta que solo quedara el cerebro percibiéndose a sí mismo como «yo», puesto que si fuera posible mantener una cabeza humana, con un corazón y el resto del organismo artificiales, ella también contestaría: «Presente!», cuando al pasar lista se dijera su nombre.

El concepto clave para René Descartes, que fue el modernizador de la filosofía, era la primacía de la conciencia; que todos los conocimientos, todas las verdades y principios del ser empiezan por la sensación de mente individual y de «yo». Y esto nos lleva al viejo dicho: *Cogito, ergo sum*, «pienso, luego existo». Además de Descartes y de Kant, ha habido por supuesto muchos otros filósofos cuya línea de argumentación ha sido básicamente la misma: Leibniz, Berkeley, Schopenhauer y Bergson, por nombrar solo unos pocos. Pero los dos primeros, que se hallan sin duda entre los más eminentes pensadores de todos los tiempos, han marcado un hito en la historia de la filosofía moderna. Todo empieza por el «yo».

Se ha escrito mucho sobre ese sentimiento de «yo», y hay religiones (tres de las cuatro ramas del budismo, el zen, y el Advaita Vedanta —una de las seis corrientes principales del hinduismo—, por ejemplo) que se dedican por entero a demostrar que el yo independiente, aislado de la inmensidad del cosmos, es una mera sensación esencialmente ilusoria. Basta con decir que la introspección llegaría en todos los casos a la conclusión de que el hecho de pensar —como Descartes lo expresó con absoluta sencillez— es normalmente sinónimo del sentimiento de «yo».

El anverso de esta moneda se experimenta cuando el pensamiento se detiene. Mucha gente ha tenido momentos, al contemplar a un bebé, un animal de compañía o un elemento de la naturaleza, en que ha sentido una oleada de dicha inefable, o la impresión de «salirse de sí mismo» y, en esencia, convertirse en el objeto observado. El 26 de enero de 1976, el *New York Times Magazine* publicó un artículo entero sobre este fenómeno, acompañado de una encuesta que mostraba que al menos el 25% de la población había tenido en su vida una experiencia, como mínimo, que describían como «un sentimiento de unidad con todo» y «un sentimiento de que todo el universo está vivo». Un 40% de las 600 personas encuestadas la definía además como «la convicción de que el amor es el centro de todo» y comentaba que esto suponía «un sentimiento de profunda paz».

Muy bien, ¡qué bonito! Pero aquellos que nunca «han estado ahí», que parece ser el caso de la mayor parte de la población, aquellos que se quedan fuera del cabaré mirando hacia dentro, tal vez no quieran saber nada de ello y lo atribuyan a la sugestión o a una alucinación. Por muy científica que sea una encuesta, las conclusiones por sí mismas pueden significar muy poco. Necesitamos mucho más que esto para entender el sentimiento del yo.

No obstante, podemos conceder que *algo* sucede cuando la mente pensante se toma un descanso. Está claro que la ausencia de pensamiento verbal o de ensoñación no es sinónimo de letargo ni de vacío; más bien, es como si la sede de la conciencia escapara de su inquieta y nerviosa celda verbal de aislamiento y se aposentara en alguna otra sección del teatro, donde las luces brillan más y todo se percibe de un modo más directo, más real.

¿En qué calle está ese teatro? ¿*Dónde* se encuentran las sensaciones de la vida?

Podemos empezar por todo aquello que tenga una cualidad visual y que en este instante percibamos a nuestro alrededor —el libro que sostienes en las manos, por ejemplo—. El idioma y la costumbre dicen que todo yace fuera de nosotros, en el mundo exterior. Sin embargo, ya hemos visto que no es posible percibir nada que no esté interactuando con nuestra conciencia, y esta es la razón por la que el primer axioma del biocentrismo es que la naturaleza, o el así llamado mundo exterior, debe ser correlativo con la conciencia. Lo uno no puede existir sin lo otro. Lo que eso significa es que cuando no miramos la Luna, esta se desvanece —lo cual, subjetivamente, es más que obvio—. Si seguimos pensando en ella y creemos que continúa ahí fuera, orbitando alrededor de la Tierra, o imaginamos que probablemente haya otras personas contemplándola, todos esos pensamientos siguen siendo constructos mentales. La cuestión que aquí nos importa es: si no existiera conciencia de ningún tipo, ¿en qué sentido seguiría existiendo la Luna, y con qué forma?

¿Qué es lo que vemos, entonces, cuando observamos la naturaleza? La respuesta, en términos de localización de imagen y de mecánica neuronal, es en realidad mucho más directa que casi ningún otro aspecto del biocentrismo. Dado que la imagen de los árboles, de la hierba, del libro que sostienes ahora en las manos y de todo lo demás que se percibe es real y no imaginaria, debe de estar sucediendo físicamente *en algún lugar*. Los textos de fisiología humana responden a esto sin la menor ambigüedad. A pesar de que el ojo y la retina captan fotones que transmiten su carga de bits de fuerza electromagnética, estos son canalizados a través de cables muy resistentes hasta que la *percepción real de las imágenes ocurre físicamente en la parte posterior del cerebro*, aumentada por otras localidades próximas, en especial por secciones que son tan vastas y laberínticas como la Vía Láctea, y que contienen tantas neuronas como estrellas hay en la galaxia. Ahí es donde, según los textos de fisiología humana, los colores, las formas y el movimiento reales «suceden»; ahí es donde se perciben o se conocen.

Si intentas acceder conscientemente a esa parte visual del cerebro, llena de energía, quizá al principio te sientas frustrado; posiblemente, al palpar la parte posterior del cráneo, percibas una particular sensación vacía, de nada. Pero eso es solo porque el ejercicio era innecesario: ya accedemos a dicha porción visual del cerebro con cada mirada. Mira ahora cualquier cosa que tengas a tu alrededor. La costumbre nos ha dicho que lo que vemos está «fuera», fuera de nosotros, y ese es un punto de vista magnífico y necesario en relación con el idioma y la utilidad, como por ejemplo cuando decimos: «Por favor, pásame la mantequilla que está ahí». Pero no nos equivoquemos: la imagen visual de la mantequilla, es decir, la mantequilla en sí, existe de hecho solo dentro de nuestro cerebro. Esa es su posición, puesto que ese es el único lugar donde las imágenes visuales se perciben y se conocen.

Tal vez algunas personas imaginen que hay dos mundos, uno «fuera» y otro, un mundo de cognición separado, dentro del cráneo; sin embargo, el modelo de los «dos mundos» es un mito. No percibimos sino las percepciones en sí mismas, y no existe nada fuera de la conciencia. Únicamente existe una realidad visual, y ahí está; justo ahí.

El «mundo exterior» está por tanto localizado dentro del cerebro, o de la mente. Por supuesto, esto le resulta tan chocante a mucha gente, pese a ser tan obvio para aquellos que estudian el cerebro, que parece válido reflexionar sobre el asunto y cuestionarlo: «Vale, pero ¿qué ocurre cuando una persona es ciega de nacimiento?», o «¿Qué me dices del tacto? Si las cosas no están fuera, ¿cómo es que podemos tocarlas?».

Nada de esto cambia la realidad: el tacto, también, tiene lugar solo dentro de la conciencia, o de la mente. Ningún aspecto de esa mantequilla —es decir, su existencia a todos los niveles— está fuera de nuestro ser. El auténtico problema que esto plantea, y la razón por la que algunos son reacios a aceptar algo que debería ser más que obvio, es que sus implicaciones echan por tierra el castillo de naipes que es la concepción del mundo en la que hemos confiado toda nuestra vida. Si *eso* que está justo delante de nosotros es conciencia, o mente, eso significa que la conciencia se extiende indefinidamente a todo aquello de lo que tenemos cognición, lo cual pone en entredicho la naturaleza y la realidad de algo a lo que dedicaremos un capítulo entero: el espacio. Si *eso* que está delante de nosotros es conciencia, es posible que el área de atención científica cambie, de la naturaleza de un universo exterior frío e inerte a cuestiones tales como la relación que existe entre tu conciencia y la mía, y la que existe entre la nuestra y la de los animales. Pero vamos a dejar a un lado, por ahora, las preguntas sobre la unidad de la conciencia; quisiera que te bastara en este momento con saber que la unidad global de la conciencia no solo es difícil o imposible de demostrar, sino que es fundamentalmente incompatible con una lengua dualista, que añade el obstáculo adicional de hacer que sea muy difícil captarla sirviéndose únicamente de la lógica.

¿Por qué? El lenguaje se creó para que funcionara exclusivamente por medio del simbolismo y para dividir la naturaleza en partes y acciones. La palabra «*agua*» no es realmente agua, y la palabra «*está*» no hace referencia a ningún sujeto activo en la frase «está lloviendo». Incluso aunque seamos muy conscientes de las limitaciones y caprichos del lenguaje, debemos estar especialmente en guardia para no desechar demasiado deprisa el biocentrismo (o cualquier forma de comprender el universo como un todo) simplemente porque, a primera vista, no parezca compatible con las construcciones verbales a las que estamos acostumbrados. Absolutamente todo lo que pertenece al ámbito simbólico empezó a existir en un cierto momento, y un día morirá..., incluso las montañas, mientras que la conciencia, al igual que ciertos aspectos de la teoría cuántica en los que intervienen partículas entrelazadas, puede existir enteramente fuera del tiempo.

Por último, hay quienes aluden al aspecto del «control» para avalar que hay una separación fundamental entre nosotros y la realidad externa objetiva. Lo cierto, sin embargo, es que existe un malentendido generalizado en cuanto a lo que «control» significa. Aunque normalmente pensamos que las nubes se forman, los planetas giran y nuestro hígado fabrica cientos de enzimas, estamos habituados a dar por hecho que nuestras mentes poseen una cualidad de autocontrol especialmente singular que marca una diferencia tajante entre el «yo» y el mundo exterior. En realidad, lo que varios experimentos recientes demuestran de modo concluyente es que las conexiones electroquímicas del cerebro, sus impulsos neuronales que viajan a más de 380 kilómetros por hora, hacen que las decisiones se tomen a mayor velocidad de lo que tardamos en darnos siquiera cuenta de ellas. En otras palabras, el cerebro y la mente operan por sí solos, sin necesidad de la intervención exterior de los pensamientos, que, dicho sea de paso, también se producen por sí solos. Así, el control que creemos ejercer es en gran medida una ilusión. Como lo expresó Einstein: «Podemos hacer uso de la voluntad para actuar, pero no podemos hacer uso de la voluntad para hacernos tener voluntad».

El experimento más citado en este campo se llevó a cabo hace veinticinco años. El investigador Benjamin Libet pidió a un grupo de sujetos que eligieran un momento al azar para realizar un movimiento de mano, mientras estaban conectados a un electroencefalógrafo en el que se hacía un detallado seguimiento del llamado «potencial de preparación» del cerebro. Naturalmente, las señales eléctricas preceden siempre a las acciones físicas, pero Libet quería saber si precedían también al *sentimiento* subjetivo de la intención de actuar que experimentaba el sujeto. En pocas palabras, ¿existe un «yo» subjetivo que decide conscientemente qué hacer y que por tanto pone en movimiento las actividades eléctricas del cerebro que en última instancia conducen a la acción?, ¿o sucede lo contrario? Se pidió, por consiguiente, a los sujetos que tomaran nota de la posición del segundero del reloj en el instante en que sintieran la intención inicial de mover la mano.

Los hallazgos de Libet fueron sistemáticos, y no demasiado sorprendentes tal vez: medio segundo antes de que el sujeto tuviera ninguna sensación consciente de tomar una decisión, había actividad eléctrica cerebral *inconsciente, no percibida*. Otros experimentos que el investigador llevó a cabo más recientemente, en los que se analizaron funciones cerebrales separadas de orden superior han permitido a su equipo de investigación predecir *hasta con diez segundos de antelación* qué mano decidirá levantar el sujeto. Diez segundos es casi una eternidad cuando nos referimos a decisiones cognitivas, y, sin embargo, la decisión que iba a tomar una persona podía verse en los escáneres todo ese tiempo antes de que el sujeto fuera tan siquiera remotamente consciente de haber tomado cualquier decisión. Este y otros experimentos demuestran que el cerebro toma sus propias decisiones en un nivel subconsciente, y que los sujetos no sienten hasta bastante después que «ellos» han tomado una decisión consciente. Esto significa que nos pasamos la vida creyendo que, a diferencia del funcionamiento felizmente autónomo del corazón y los riñones, un «yo» encargado de accionar la palanca está al mando del comportamiento del cerebro. Libet concluyó que el sentimiento personal de libre albedrío surge solamente de nuestra habitual visión retrospectiva del flujo constante de sucesos cerebrales.

¿Qué conclusiones debemos sacar, entonces, de esto? La primera es que somos de verdad libres para disfrutar de la vida tal como se vaya desarrollando, incluida nuestra propia existencia, despreocupados de esa sensación de control que hemos adquirido, y que a menudo acaba generando en nosotros un sentimiento de culpa, así como de la obsesiva necesidad de no cometer errores. Podemos relajarnos, porque seguiremos funcionando automáticamente de todas formas.

La segunda, más al hilo de este libro y de este capítulo, es que los conocimientos que actualmente se tienen del cerebro demuestran que lo que parece suceder «fuera» está de hecho ocurriendo dentro de nuestras mentes, y que las experiencias visuales y táctiles no están localizadas en un lugar exterior, que nos hemos acostumbrado a considerar desconectado y distante de nosotros. Cuando miramos a nuestro alrededor, lo único que vemos es nuestra propia mente, o quizá sería mejor decir que no existe en verdad una desconexión entre lo externo y lo interno; en lugar de eso, podemos considerar que toda cognición es una amalgama de nuestro yo experiencial y cualquiera que sea el campo de energía que impregne el cosmos. Para evitar expresarlo de manera tan poco elegante, se aludirá a ello llamándolo simplemente *conciencia*. Con esto en mente, veremos cómo cualquier «teoría del todo» debe incorporar el biocentrismo..., o, de lo contrario, será un tren sobre una vía que no va a ninguna parte.

Resumiendo, el *primer principio del biocentrismo* es: Lo que percibimos como realidad es un proceso que exige la participación de la conciencia.

Segundo principio del biocentrismo:
NUESTRAS PERCEPCIONES EXTERIORES E INTERIORES ESTÁN INEXTRICABLEMENTE ENTRELAZADAS; SON LAS DOS CARAS DE UNA MISMA MONEDA, QUE NO SE PUEDEN SEPARAR.

BUBBLES EN EL TIEMPO

6

No es posible encontrar la existencia del tiempo entre el tic y el tac del reloj. Es el lenguaje de la vida y, como tal, donde más intensamente se siente es en el contexto de la experiencia humana.

Mi padre acababa de apartar a mi hermana Bubbles de un empujón. Luego, volvió a pegarle.

Mi padre era un italiano de la vieja escuela, con ideas arcaicas sobre la educación de los hijos, así que me cuesta poner en palabras este episodio sucedido hace tanto tiempo. La indignidad de lo que sufrió Bubbles aquel día (que no fue un caso aislado) fue tan vergonzosa que, cuarenta años después, todavía lo recuerdo con la misma claridad que si hubiera ocurrido ayer.

El afecto que profesaba hacia Beverly —«Bubbles»—[1] era muy fuerte, pues, como hermana mayor, siempre sintió que era su deber protegerme. Incluso ahora, me duele profundamente volver la vista atrás, a los tiempos de mi infancia.

---

1. En inglés, burbujas. (N. de la T.)

Recuerdo la mañana de un día frío de Nueva Inglaterra, tan frío que sería lo último que a nadie le gustaría sentir en la punta de los pies. Estaba de pie, esperando en la parada del autobús del colegio a la hora de siempre, con mis pequeños mitones y la bolsa de la comida en la mano, cuando uno de los chicos mayores del barrio me tiró al suelo de un empujón. No me acuerdo exactamente qué fue lo que ocurrió; no digo que yo fuera totalmente inocente, pero allí estaba tirado en la acera, indefenso, mirando hacia arriba con ojos llorosos y suplicando:

—Suéltame. Déjame levantarme.

Estaba todavía en el suelo —muerto de frío y con el cuerpo dolorido— cuando, al levantar los ojos, vi a Bubbles, que corría calle arriba. Cuando llegó a la parada del autobús, le echó a aquel chico tal mirada que vi cómo al instante se le pintaba el miedo en el rostro. Solo por esto, me siento en deuda con ella.

—Vuelve a tocar a mi hermano pequeño —le dijo— y te doy un puñetazo en la cara.

Yo siempre había sido su favorito, supongo; de hecho, el primer recuerdo que tengo de la niñez es estar con ella, jugando a que era la doctora y yo iba a su consulta:

—Estás un poco enfermo —me dijo, ofreciéndome una taza de arena—. Bébete esta medicina y te sentirás mejor.

Yo empecé a bebérmela, y Bubbles chilló:

—¡No!

Luego soltó un grito ahogado, como si fuera ella la que se la estuviera tragando. (Más tarde se me ocurrió que era de mentiras, y que no debía de haberlo hecho, pero en el momento en que sucedió me parecía todo bastante real.)

Me resulta difícil de creer que fuera yo, y no ella, el que acabara siendo médico. Era una chica muy inteligente y estudiaba todo, todo lo que podía..., una alumna de sobresaliente, me acuerdo. Todos los profesores la adoraban. Pero no fue suficiente. Para la edad en que habría empezado el bachillerato, había dejado el instituto y entrado en un camino de destrucción de la mano de las drogas. Solo puedo entender que esto ocurriera debido a las condiciones tan hostiles en que vivíamos en casa. El mal que se le hacía apenas le daba tregua y se repetía de forma cíclica, casi despiadada. Le pegaban, se escapaba, y la castigaban de nuevo.

Qué bien me acuerdo de Bubbles escondida debajo del porche preguntándose qué hacer a continuación, y de la atmósfera de terror que reinaba en casa; tiemblo al recordar la voz de mi padre en el piso de arriba, penetrando las paredes; veo las lágrimas de Bubbles rodándole por la cara. A veces me pregunto, cuando pienso en todo esto, cómo es que nadie intercedió por ella. Ni el instituto, ni la policía, ni siquiera la asistente social que el juez le había asignado pudieron hacer nada, al parecer.

Al cabo de un tiempo, Bubbles se fue de casa. Aunque soy consciente de que tengo cierta confusión sobre los hechos exactos, supe que estaba embarazada. Solo recuerdo que, a través de un vestido flojo, palpé cómo se movía el bebé dentro de su cuerpo. Cuando todos los parientes se negaron a ir a su boda, le estreché la mano y le dije:

—¡No importa! ¡Estate tranquila!

El nacimiento de la «Pequeña Bubbles» fue una ocasión feliz, un oasis en aquella vida en medio del desierto. Había muchas caras conocidas entre los que fueron a verla al hospital. Mi madre, mi hermana e incluso mi padre estaban allí mirando. Bubbles era tan bondadosa y tenía un carácter tan agradable que no debería haberme sorprendido verlos a todos allí. Estaba muy contenta, y cuando me senté a su lado en la cama me preguntó —a mí, su hermano pequeño— si quería ser el padrino de su hija.

Todo esto, sin embargo, fue un acontecimiento muy breve, y aparece en mi memoria como una flor silvestre en medio de una carretera de asfalto. Me pregunté en aquella ocasión qué precio tendría que pagar mi hermana por aquella felicidad; y lo vi materializarse al cabo de algún tiempo cuando reaparecieron sus problemas, cuando los tratamientos de litio fallaron. Poco a poco, su mente se fue deteriorando. Lo que decía tenía cada vez menos sentido, y empezó a hacer cosas estrafalarias. Para entonces, yo había visto suficientes casos médicos como para haber adquirido la capacidad de no dejarme abatir por las consecuencias de la enfermedad; pero, incluso así, me produjo una fuerte emoción ver cómo se llevaban a su hija. Tengo un intenso recuerdo de ella en el hospital, cuando se había perdido ya toda esperanza, inhibida y sedada. Al salir del hospital aquel día, los recuerdos de ella se me mezclaron con las lágrimas.

Bubbles no conoció ningún lugar más reconfortante que la casa de nuestra niñez en los raros momentos de paz, ningún lugar con la mitad de sombra que la de nuestros manzanos. Los había plantado hacía más de cincuenta años el padre de mi amiga Barbara. Una vez, mucho después de que mis padres vendieran la casa, los nuevos dueños vieron a Bubbles sentada en la acera con los codos apoyados en las rodillas. Las ventanas de las habitaciones estaban todas abiertas para dejar que entrara la brisa perfumada. Las rosas silvestres colgaban todavía del viejo emparrado que había junto a la casa.

—Perdone, señora, ¿se encuentra bien?

—Sí –contestó Bubbles–. No pasa nada. ¿Está mi madre en casa?

—Su madre ya no vive aquí –dijo la propietaria.

—¿Por qué me dice eso? Es mentira.

Después de discutir un rato, los dueños de la casa llamaron a la policía. Se llevaron a Bubbles a la jefatura y avisaron a mi madre para que fuera a buscarla, permitiéndole que la llevara a la clínica para que le pusieran las inyecciones habituales.

A pesar de todo lo que le había sucedido, seguía siendo una mujer muy guapa, a la que con frecuencia le silbaban los chicos del pueblo al verla pasar. Pero, tanto si era porque le daba miedo la oscuridad o porque simplemente se perdía, no era raro que desapareciera durante un día o dos. Una vez la encontraron durmiendo en el parque, bastante angustiada, con el cabello alborotado cubriéndole el rostro. Tenía las ropas destrozadas, de lo cual ella sabía tan poco como nosotros. Pero recuerdo que al cabo de uno o dos años estaba embarazada, y lo único que se me ocurre pensar es que tal vez alguien abusara de ella de nuevo. Qué bien me acuerdo de cómo me miraba en silencio, avergonzada, con el bebé en los brazos. El niño tenía el pelo rojo como un arce en otoño, y una carita muy simpática; pensé que no se parecía a nadie que conociera.

No tengo muy claro si me sentía triste o contento cuando a veces Bubbles no recordaba siquiera dónde vivía. Eso fue lo que ocurrió una noche que la encontraron vagando desnuda por un parque cercano. Un guardia llevó a Bubbles a la puerta del piso donde vivía mi padre, y le anunció:

—Su hija, señor Lanza.

Mi padre la hizo entrar, le calentó un poco de café y atendió generosamente sus necesidades. Quizá esta historia habría tenido un final distinto si la hubiera tratado con el mismo afecto cuarenta años antes.

Bubbles en el tiempo

Esta historia de Bubbles y de su relación conmigo es un relato que cuentan muchísimas familias, con un millar de variantes de enfermedad mental, demencia y tragedia en las que hay intercalados momentos felices. En el ocaso de la vida, al que todos llegamos demasiado rápido, reflexionamos sobre los seres queridos, y los recuerdos están siempre envueltos en un halo de irrealidad, tienen una cualidad casi onírica. «¿Ocurrió de verdad?», nos preguntamos cuando nos viene a la memoria una imagen concreta, sobre todo si es de un ser amado que murió hace tiempo. Nos sentimos como si estuviéramos sumidos en una ensoñación, en el salón de los espejos, donde la juventud y la vejez, el estar soñando y el estar despierto, la tragedia y la euforia, pasan igual de rápido que los fotogramas de una película muda.

Es precisamente entonces cuando entran el sacerdote o el filósofo para ofrecer consejo o, como quizá lo llamen, esperanza. Esperanza, sin embargo, es una palabra horrible; combina el miedo con una especie de enraizamiento en una posibilidad por encima de otra, como en el caso del jugador que mira fijamente el giro de la ruleta sabiendo que el resultado determinará si podrá pagar o no la hipoteca de su casa.

Esto mismo es, desgraciadamente, lo que la mentalidad mecanicista de la ciencia predominante nos propone: que tengamos esperanza. Si la vida —la tuya, la mía y la de Bubbles (que sigue viva en la actualidad, bajo atención médica)— empezó originariamente a causa de una serie de colisiones moleculares aleatorias que se produjeron en la matriz de un universo muerto y estúpido, debemos tener cuidado; tenemos tantas probabilidades de que nos hagan la vida imposible como de que nos mimen. Los dados pueden caer, y caen, de cualquier manera, así que deberíamos quedarnos con los buenos momentos que hayamos vivido y cerrar el pico.

Los acontecimientos verdaderamente aleatorios no provocan ninguna exaltación ni creatividad; no demasiada, en cualquier caso. En la vida, en cambio, se produce tal florecer, desarrollarse y experimentar, que no podemos ni siquiera intentar aprehenderlos con nuestra mente lógica. Cuando la zumaya canta su melodía a la luz de la luna, y responde a ella nuestro corazón, que lleno de admiración empieza a latir un poco más rápido, ¿quién, en su sano juicio, diría que todo esto es producto del golpear de unas ridículas bolas de billar unas contra otras debido a las leyes de la casualidad? Ningún observador atento sería capaz de decir algo así; por eso me resulta siempre un poco asombroso que cualquier científico pueda aseverar, con semblante serio, que está ahí delante del atril —un organismo consciente y en funcionamiento con billones de partes perfectamente sincronizadas— como única consecuencia de una tirada de dados. Nuestro más leve gesto confirma la magia del diseño de la vida.

Las representaciones de la existencia, incluso aquellas que son aparentemente tristes y extrañas como la de mi hermana Bubbles, nunca son fruto del azar ni, en última instancia, aterradoras; es posible, por el contrario, concebirlas como aventuras, o quizá como una melodía tan vasta y eterna que los oídos humanos no son capaces de apreciar toda la gama tonal de la sinfonía.

En cualquier acontecimiento, los tonos son sin duda infinitos. Aquello que nace debe morir, y nos iremos hasta un capítulo posterior, tanto si la naturaleza del cosmos es de carácter finito —con datos de fabricación y caducidad, como las magdalenas— como infinito. Aceptar el punto de vista del biocentrismo significa que uno comparte su destino, no solo con la vida misma, sino con la conciencia, que no conoce principio ni fin.

CUANDO MAÑANA ESTÁ ANTES QUE AYER 7

*No creo que sea un atrevimiento decir que nadie entiende la
mecánica cuántica. Si pueden evitarlo, no sigan torturándose con
la pregunta: «Pero ¿cómo puede ser así?», porque se meterán en un
callejón sin salida del que nadie ha conseguido aún escapar.*

RICHARD FEYNMAN, PREMIO NOBEL DE FÍSICA

La mecánica cuántica describe el diminuto mundo del átomo y sus constituyentes, así como su comportamiento, con admirable, aunque probabilística, precisión. Se emplea para diseñar y construir gran parte de la tecnología que dirige la sociedad moderna, como por ejemplo los láseres y las computadoras más avanzadas. Pero la mecánica cuántica es, en muchos sentidos una amenaza, no solo para nuestros conceptos esenciales y absolutos de espacio y tiempo, sino para todas las concepciones de carácter newtoniano de orden y predicción certera.

Vale la pena considerar en este momento la vieja máxima de Sherlock Holmes de que «cuando se ha descartado lo imposible, lo que quiera que quede, por muy improbable que sea, ha de ser la verdad». En este capítulo, vamos a examinar las pruebas de la teoría cuántica con la misma deliberación con la que lo habría hecho Holmes, sin dejar que nos aparten de nuestro camino los prejuicios de trescientos años de ciencia. La razón por la que los científicos «se meten en un callejón sin salida» es que se niegan a aceptar las implicaciones inmediatas y obvias que tienen los experimentos. El biocentrismo es la única explicación humanamente comprensible de por qué el mundo es así, luego hay muy pocas probabilidades de que se nos escape una sola lágrima cuando abandonemos las formas de pensar convencionales. Como dijo el premio Nobel Steven Weinberg: «Es desagradable explicar a la gente las leyes básicas de la física».

Con el fin de dar cuenta de por qué el espacio y el tiempo son relativos para el observador, Einstein asignó tortuosas propiedades matemáticas a las cambiantes curvaturas del espacio-tiempo, una entidad invisible e intangible. Aunque esto consiguió, ciertamente, mostrar cómo se mueven los objetos, sobre todo en condiciones extremas de fuerte gravitación o de movimiento rápido, también tuvo como resultado que mucha gente aceptara que el espacio-tiempo es una entidad real, como el queso manchego, y no una invención matemática que sirve al propósito específico de permitirnos calcular el movimiento. El espacio-tiempo no fue, por supuesto, la primera herramienta matemática que se haya confundido con la realidad tangible: la raíz cuadrada de menos uno y el símbolo de infinito son solamente dos de las muchas entidades matemáticas indispensables que tienen una existencia solo conceptual; ninguna de ellas dispone de un análogo en el universo físico.

Pero la dicotomía entre la realidad conceptual y la realidad física se hizo seria de verdad con el advenimiento de la mecánica cuántica. A pesar del papel crucial que desempeña el observador en esta teoría —que pasa del simple espacio y tiempo a las propiedades de la propia materia—, hay científicos que todavía descartan la importancia del observador y lo consideran solo un estorbo, una no entidad.

En el mundo cuántico, incluso la versión actualizada del reloj de Newton que hizo Einstein, y que presenta el sistema solar como un cronómetro predecible, aunque complejo, ha dejado de funcionar. El concepto de que no pueden ocurrir sucesos independientes en lugares separados y desvinculados —noción muy apreciada, y llamada con frecuencia *localidad*— no se sostiene en el plano atómico ni en planos más bajos, y existen cada vez más pruebas de que esto se extiende plenamente al plano macroscópico también. En la teoría de Einstein, los acontecimientos que tienen lugar en el *espacio-tiempo* se pueden medir uno en relación con el otro, pero la mecánica cuántica presta más atención a la propia naturaleza de la medición, lo cual va contra el propio fundamento de la objetividad.

Cuando estudia las partículas subatómicas, el observador modifica y determina, al parecer, lo que percibe. La presencia y la metodología del experimentador se entrelaza sin remedio con aquello, sea lo que fuere, que intenta estudiar y con los resultados que obtiene. Un electrón resulta ser tanto partícula como onda; pero *cómo* y, lo que es todavía más importante, *cuándo* se localizará dicha partícula sigue dependiendo del acto de la observación.

Esto era nuevo, de eso no hay duda. Los físicos precuánticos, dando por hecho la existencia de un universo objetivo exterior, esperaban ser capaces de determinar la trayectoria y la posición de las partículas individuales con certeza, de la misma forma que lo hacemos con los planetas. Dieron por sentado que el comportamiento de las partículas sería totalmente predecible si de partida se tenían todos los conocimientos necesarios; esto es, supusieron que no tendría límite la exactitud con la que podrían medir las propiedades físicas de un objeto de cualquier tamaño, con tal de disponer de la tecnología adecuada.

Además de la incertidumbre cuántica, hay otro aspecto de la física moderna que también choca esencialmente con el concepto de Einstein de las entidades discretas y el *espacio-tiempo*. Einstein sostenía que la velocidad de la luz es constante y que los acontecimientos que ocurren en un lugar no pueden influir en los que tienen lugar en otro simultáneamente. En las teorías de la relatividad, se ha de tener en cuenta la velocidad de la luz para que la información viaje de una partícula a otra, lo cual, durante casi un siglo, se ha demostrado que es cierto incluso tratándose de la fuerza de gravedad y de la expansión de su influencia. La ley decía que, en el vacío, la velocidad era de 299.792,458 kilómetros por segundo. Sin embargo, algunos experimentos recientes han demostrado que no todos los tipos de información se propagan a esa velocidad.

Quizá lo verdaderamente inverosímil comenzara en 1935, cuando los físicos Einstein, Podolsky y Rosen trataron con la extraña curiosidad cuántica del entrelazado de partículas, en un ensayo tan famoso que al fenómeno sigue llamándose con frecuencia «interrelación EPR». Este trío de físicos desechó la predicción que hacía la teoría cuántica de que, misteriosamente, una partícula puede «saber» lo que está haciendo otra pese a hallarse absolutamente separadas en el espacio, y atribuyó cualquier observación relacionada con esta línea de pensamiento a una contaminación local aún no identificada, y no a lo que Einstein burlonamente llamó «acción fantasmagórica a distancia».

Esta frase, verdaderamente ingeniosa, que ha pasado a la historia junto con otro puñado de dichos del gran físico, como «Dios no juega a los dados», fue un golpe más que recibió la teoría cuántica, esta vez dirigido a su insistencia en que algunas cosas existen solo como probabilidad, y no como objetos reales en localidades reales. La frase «acción fantasmagórica a distancia» se repitió en las clases de física durante décadas y ayudó a mantener la verdadera inverosimilitud de la teoría cuántica enterrada debajo de la conciencia pública. Y como el instrumental de experimentación era todavía relativamente burdo, ¿quién se habría atrevido a decir que Einstein estaba equivocado?

Pero Einstein estaba equivocado. En 1964, el físico irlandés John Bell propuso un experimento que podría revelar si dos partículas separadas eran capaces de influir la una en la otra instantáneamente desde la distancia. Primero hay que crear dos bits de materia o de luz que tengan una misma *función de onda* (recordando que incluso las partículas sólidas tienen además una naturaleza de ondas de energía). Si se emplea la luz, el experimento es fácil de hacer: se envía un haz de luz a un tipo de cristal especial, y emergen entonces dos fotones, cada uno con la mitad de energía (dos veces la longitud de onda) que entró, luego no hay ninguna violación de la conservación de la energía. Sale la misma *potencia* total que entró.

Ahora bien, debido a que la teoría cuántica asegura que todo lo que existe en la naturaleza tiene naturaleza de partícula y naturaleza de onda, y que el comportamiento del objeto existe solo como una serie de probabilidades, ningún objeto pequeño adopta en realidad una posición o movimiento concretos hasta que la función de onda se colapsa. ¿Qué consigue ese colapso? Desorganizar el objeto en cualquier sentido —golpearlo con un bit de luz a fin de «hacerle una fotografía» lo conseguiría al instante—. Pero empezó a estar cada vez más claro que *cualquier* medio que empleara el experimentador para mirar el objeto haría que la función de onda se colapsara. Al principio, se pensó que esto ocurría cuando, por ejemplo, se necesitaba disparar un fotón contra un electrón para medir la posición de este último, y que la interacción de ambos producía, naturalmente, el colapso de la función de onda; es decir que, en un sentido, el experimento había estado contaminado. Sin embargo, a medida que se fueron diseñando experimentos más sofisticados (véase el capítulo siguiente), se hizo evidente que *el mero conocimiento existente en la mente del experimentador* es suficiente para hacer que la función de onda se colapse.

Esto era ya algo insólito, pero sería aún peor. Cuando se crean partículas entrelazadas, el par *comparte* una función de onda; y cuando la función de onda de uno de los miembros se colapsa, también lo hará la función de onda del otro, aunque esas dos partículas estén separadas entre sí por la anchura del universo. Esto significa que, si se observa que una partícula tiene un espín hacia arriba,[1] la otra pasa *instantáneamente* de ser una mera probabilidad a ser una partícula real con el espín opuesto. Están íntimamente ligadas, actuando en cierto modo como si no hubiera espacio alguno entre ellas ni tiempo que influya en su comportamiento.

Los experimentos realizados desde 1997 hasta 2007 han demostrado que esto es realmente lo que ocurre; parece ser que cuando estos diminutos objetos se crean juntos, están dotados de una especie de control de estabilidad. Si se observa que una partícula hace una elección al azar en un sentido en lugar de en otro, su gemela siempre mostrará el mismo comportamiento (de hecho, la acción complementaria) en el mismo momento, incluso si uno y otro miembro de la pareja se encuentran ampliamente separados.

En 1997, el investigador suizo Nicholas Gisin lanzó de verdad la bola por esta determinada pista de bolos al idear una demostración particularmente impactante. Su equipo de investigadores creó fotones entrelazados, o bits de luz, que se enviaban volando a lo largo de fibras ópticas con una separación de once kilómetros entre sí. Uno de ellos se encontraba periódicamente con un interferómetro que le permitía tomar dos caminos distintos, siempre elegidos al azar. Gisin descubrió que, fuera cual fuese la opción que tomara el fotón, su gemelo siempre tomaba la *otra* opción instantáneamente.

El adjetivo clave en este experimento es *instantáneo*. La reacción del segundo fotón no se demoraba a causa del tiempo que la luz podía haber tardado en atravesar esos once kilómetros (alrededor de

---

1. El espín es el momento intrínseco de rotación de una partícula elemental o de un núcleo atómico. Si se trata de un electrón, el espín está limitado a dos valores: la cantidad de espín es siempre la misma, pero la partícula puede girar en una u otra dirección. Los físicos llaman a estos valores «espín hacia arriba» y «espín hacia abajo», siendo el eje de rotación, en este caso, vertical. (N. de la T.)

veintiséis milisegundos), sino que, en lugar de eso, ocurría menos de tres diezmilmillonésimas de segundo más tarde, el límite de precisión del instrumento de medición. Se considera, por tanto, que el comportamiento es simultáneo.

Pese a ser algo que ya predecía la mecánica cuántica, los resultados siguen asombrando incluso a los mismos físicos que realizan el experimento, pues confirman la impactante teoría de que un gemelo entrelazado debería hacerse eco instantáneamente de la acción o el estado del otro, por muy colosal que sea la distancia que los separa.

Esto es tan descabellado que hay quienes han buscado una cláusula de escape, y una candidata destacada ha sido la «escapatoria de la deficiencia del detector», que argumenta que los experimentos realizados hasta la fecha no han captado suficiente número de fotones gemelos. Los críticos alegaron que el porcentaje que el equipo había estudiado era demasiado pequeño, y que, por alguna razón, se habían revelado de modo preferente solo aquellos pares de gemelos cuyo comportamiento era sincrónico. Pero un nuevo experimento llevado a cabo en 2002 cerró definitivamente esa vía de escape. En un artículo que publicó en la revista *Nature* un equipo de investigadores del National Institute of Standards and Technology, dirigidos por el doctor David Wineland, se explicaba cómo un potente detector había demostrado que en pares de iones de berilio entrelazados efectivamente, cada miembro del par se hace eco simultáneamente de las acciones de su gemelo.

Pocos creen que una fuerza o interacción nueva, desconocida, se esté transmitiendo en un tiempo cero entre una partícula y su gemela. Por el contrario, Wineland le dijo a uno de los autores: «Ciertamente, *hay* una acción fantasmagórica a distancia», sabiendo, por supuesto, que estas palabras no eran en absoluto una explicación.

La mayoría de los físicos argumenta que no se está violando el límite máximo de la velocidad de la luz que postulan las teorías de la relatividad, dado que nadie puede *usar* correlaciones EPR para enviar información, ya que el comportamiento de la partícula emisora es siempre aleatorio. Las investigaciones actuales están dirigidas a resolver cuestiones más prácticas que filosóficas: su meta es implementar este insólito comportamiento para crear nuevas computadoras cuánticas hiperpotentes que, como dijo Wineland, «carguen con todo el extraño equipaje que trae consigo la mecánica cuántica».

El hecho es que los experimentos de la última década parecen demostrar en verdad que la insistencia de Einstein en la «localidad» —es decir, en que nada puede influenciar a nada a velocidades superiores a las de la luz— fue una equivocación. En realidad, las entidades que observamos flotan en un campo —un campo de mente, sostiene el biocentrismo— que no está limitado por el *espacio-tiempo* exterior sobre el que Einstein teorizó hace un siglo.

Nadie debe imaginar que, cuando el biocentrismo apunta a la teoría cuántica como una de las principales áreas de apoyo, tiene en cuenta un solo aspecto de los fenómenos cuánticos. El teorema de Bell de 1964, cuya verdad se demostró experimentalmente en el ínterin una y otra vez, hace bastante más que acabar por completo con todo vestigio de la esperanza que Einstein (y otros) depositaron en que pudiera mantenerse el principio de localidad.

Antes de Bell, todavía se consideraba posible (aunque cada vez más dudoso) que el realismo local —la existencia de un universo objetivo independiente— pudiera ser verdad. Antes de Bell, muchos aún se aferraban al milenario supuesto de que *los estados físicos existen antes de ser medidos*. Antes de Bell, todavía se creía de forma generalizada que las partículas tenían atributos y valores definidos, independientes del acto de la medición. Y, finalmente, gracias a las demostraciones que hizo Einstein de que ninguna información puede viajar a mayor velocidad que la luz, se daba por hecho que, si los observadores están lo bastante alejados entre sí, la medición que hiciera uno de ellos no tendría ningún efecto en la medición que hiciera el otro.

Todo esto se ha terminado, para siempre.

Además de lo que acabamos de exponer, hay tres áreas fundamentales de la teoría cuántica que tienen sentido desde la perspectiva del biocentrismo pero son, desde cualquier otro punto de vista, desconcertantes. Hablaremos sobre ellas con mayor detalle a su debido tiempo, pero vamos a empezar simplemente por enumerarlas. La primera es el entrelazado que acabamos de mencionar, que es la conexión entre dos objetos, una conexión tan íntima que los hace comportarse como uno solo, instantáneamente y para siempre, incluso estando separados por galaxias de distancia. Su «naturaleza fantasmagórica» se nos muestra con máxima claridad en el experimento clásico de la doble rendija.

La segunda es la complementariedad, que significa que los objetos a escala reducida pueden presentarse de una manera u otra, pero no de ambas, dependiendo de lo que haga el observador; es decir, el objeto no *tiene* existencia en una localidad específica y con un movimiento determinado, sino que únicamente el conocimiento y las acciones del observador lo hacen existir en un lugar o con una animación concreta. Existen muchos pares de tales atributos complementarios: un objeto puede ser una onda o una partícula, pero no ambas; puede residir en una posición específica o mostrar movimiento, pero no puede hacer ambas cosas a la vez, y así sucesivamente. Su realidad depende solo del observador y de su experimento.

El tercer atributo de la teoría cuántica que respalda la perspectiva del biocentrismo es el colapso de la función de onda, es decir, la idea de que una partícula física o un bit de luz existe únicamente en un estado de posibilidad borroso hasta que su función de onda se colapsa en el momento de la observación, y solo entonces adopta realmente una existencia definida. Esta es la noción estándar de lo que ocurre en los experimentos de la teoría cuántica de acuerdo con la interpretación de Copenhague, aunque todavía existen ideas encontradas, como veremos muy pronto.

Los experimentos de Heisenberg, Bell, Gisin y Wineland nos devuelven, afortunadamente, a la experiencia en sí, a la inmediatez del aquí y el ahora. Antes de que la materia pueda concretarse —como piedrecilla, copo de nieve o incluso partícula subatómica—, es necesario que una criatura viva la observe.

Este «acto de observación» se vuelve muy vívido en el famoso experimento de la doble rendija, que a su vez apunta directamente a los fundamentos de la física cuántica. Se ha realizado tantas veces, con tantas variaciones, que ha demostrado de forma concluyente que si observamos cómo pasa una partícula subatómica o un bit de luz a través de las rendijas de una barrera, se comporta como una partícula y produce unas incisiones de aspecto sólido detrás de las rendijas individuales de la barrera final que mide los impactos. Como si de una pequeña bala se tratara, lógicamente pasa por una rendija o por la otra. En cambio, si los científicos no observan la partícula, ésta muestra entonces el comportamiento de onda *que retuviera el derecho a exhibir todas las posibilidades*, incluida la de pasar por ambos agujeros a la vez (pese a no poder autodividirse), y crea entonces el tipo de patrón concéntrico que solo las ondas producen.

Esta dualidad onda-partícula —apodada *extrañeza cuántica*— ha desconcertado a los científicos durante décadas. Algunos de los físicos más eminentes la han descrito como imposible de intuir, imposible de formular con palabras, imposible de visualizar, y capaz de invalidar el sentido común y la percepción ordinaria. Dicho de otro modo, la ciencia ha aceptado, en esencia, que la física cuántica es incomprensible fuera de las matemáticas más complejas.

¿Cómo puede ser la física cuántica tan impermeable a la metáfora, la visualización y el lenguaje?

Sorprendentemente, si basándonos en lo que vemos aceptamos una realidad creada por la vida, todo se vuelve sencillo y fácil de entender. La pregunta clave es: «¿Ondas de qué?». En 1926, el físico alemán Max Bohn demostró que las ondas cuánticas son *ondas de probabilidad*, no ondas de materia, como había teorizado su colega Schrödinger. Son predicciones estadísticas. Así pues, una onda de probabilidad no es sino un *resultado probable*; de hecho, fuera de esa idea, ¡la onda no tiene presencia!, es intangible. Como dijo en una ocasión John Wheeler, premio Nobel de Física: «Ningún fenómeno es un fenómeno real hasta que es un fenómeno *observado*».

Debes tener en cuenta que nos referimos a objetos discretos, como fotones o electrones, y no a agrupaciones de miríadas de objetos, como por ejemplo un tren. Obviamente, podemos consultar un horario de trenes, llegar a la estación a recoger a un amigo y estar bastante seguros de que su tren existió realmente mientras estábamos ausentes, aunque no lo estuviéramos observando en persona. (Una razón de que esto sea así es que, a medida que el objeto en cuestión se hace más grande, su longitud de onda se vuelve más pequeña. Una vez que entramos en el ámbito macroscópico, las ondas se encuentran demasiado juntas como para que podamos observarlas o medirlas. No obstante, siguen existiendo.)

En lo referente a las partículas discretas, sin embargo, si no se las observa, no se puede considerar que tengan existencia real de ningún tipo —ni duración ni una posición en el espacio—. Hasta que la mente instala el andamiaje de un objeto, hasta que coloca realmente el armazón (en algún punto de la nube de probabilidades que representa el abanico de posibles valores del objeto), no se puede considerar que esté ni aquí ni allí. Por lo tanto, las *ondas* cuánticas simplemente definen el lugar *potencial* que puede ocupar una partícula. Cuando un científico observa una partícula, esta se hallará dentro de la probabilidad estadística de que ese suceso ocurra. Eso es lo que define la onda. Una onda de probabilidad no es un *suceso* ni un *fenómeno*, sino una descripción de la probabilidad de que un suceso o un fenómeno se produzcan. *No ocurre nada* hasta que el suceso se observa realmente.

En el experimento de la doble rendija, es fácil insistir en que cada fotón o electrón —puesto que estos objetos son ambos indivisibles— deben pasar a través de una rendija o de la otra, y preguntar en qué dirección va realmente un fotón determinado. Muchos físicos geniales han ideado experimentos que se proponían medir la información referente a la dirección que adopta una partícula en su recorrido, destinados a contribuir a un patrón de interferencia. Todos llegaron a la asombrosa conclusión, sin embargo, de que no es posible observar la información sobre la dirección elegida *y* el patrón de interferencia a la vez. Podemos establecer un instrumento de medición para vigilar por qué rendija pasa un fotón, y descubrir que el fotón ha atravesado una rendija y no la otra; ahora bien, una vez establecido este tipo de medición, los fotones golpean la pantalla de proyección en un punto, y carecen por completo del diseño de interferencia ondulatoria, es decir, demuestran ser partículas y no ondas. Expondremos, ayudándonos de ilustraciones, el experimento de la doble rendija y su naturaleza verdaderamente insólita en el capítulo siguiente.

Aparentemente, el hecho de observar cómo una partícula atraviesa la rendija hace que su función de onda se colapse al instante, y la partícula pierde así su libertad de contar con la probabilidad de ambas opciones en lugar de tener que elegir entre una o la otra.

Pero esto se vuelve *todavía* más demencial. Una vez que aceptamos que no es posible obtener la información sobre la dirección elegida y el patrón de interferencia, podemos ir un paso más allá. Supongamos que ahora vamos a trabajar con series de fotones entrelazados, que, como veíamos, pueden viajar a gran distancia uno de otro sin que su funcionamiento pierda nunca la correlación.

Dejamos por tanto que esos dos fotones, llamémoslos y y z, vayan en direcciones diferentes, y volvemos a realizar el experimento de la doble rendija. Ya sabemos que el fotón y pasará, misteriosamente, por las dos rendijas y creará un patrón de interferencia si no medimos nada acerca de él antes de que llegue a la pantalla de detección. Pero en nuestro nuevo montaje del experimento, hemos creado un instrumento que nos permite medir la trayectoria que elige su gemelo, el fotón z, que está a muchos kilómetros de distancia. ¡Increíble! En cuanto activamos el instrumento para medir a su gemelo, el fotón y «sabe» al instante que podemos *deducir* su propia trayectoria (porque él siempre hará lo contrario o complementario de su gemelo) y se detiene de repente, mostrando un patrón de interferencia en el instante mismo en que conectamos el aparato para medir el lejano fotón z, aunque no hemos interferido lo más mínimo con y. Y esto sería así —instantáneamente, en tiempo real— incluso si y y z estuvieran en lados opuestos de la galaxia.

Aunque parezca imposible, el tema se vuelve más fantasmagórico aún. Si ahora dejamos que, *primero*, el fotón y atraviese las rendijas y la pantalla de medición y, una fracción de segundo después, medimos a su gemelo distante, deberíamos haber engañado a las leyes cuánticas, pues el primer fotón ya habría recorrido su camino antes de que «molestáramos» a su gemelo; de este modo deberíamos poder conocer la polarización de ambos fotones y, además, como premio, tener acceso a un patrón de interferencia. ¿No es así? Pues no, no lo es. Cuando se realiza este experimento, obtenemos un patrón de no interferencia. El fotón y deja de pasar por ambas rendijas *retroactivamente*; la interferencia ha desaparecido. Al parecer, el fotón y «sabía» de algún modo que *finalmente* descubriríamos su polarización, a pesar de que su gemelo no se hubiera encontrado todavía con nuestro instrumento de detección.

¿Qué sucede? ¿Qué nos dice esto sobre el tiempo, sobre cualquier existencia real de una secuencia, sobre el presente y el futuro? ¿Qué nos dice sobre el espacio y la separación? ¿Qué conclusión debemos sacar sobre el papel que desempeñamos nosotros y sobre cómo influye nuestro conocimiento en sucesos reales que tienen lugar a kilómetros de distancia, sin que medie ningún período de tiempo? ¿Cómo pueden esos bits de luz saber lo que ocurrirá en su futuro? ¿Cómo son capaces de comunicarse instantáneamente, a mayor velocidad que la luz? Es obvio que los gemelos están conectados por un vínculo especial que no se rompe por muy alejados que estén el uno del otro, un vínculo que es independiente del tiempo, del espacio o incluso de la causalidad. Y en cuanto a lo que aquí nos interesa, ¿qué nos dice esto sobre la observación en el «campo de la mente» en el que todos estos experimentos tienen lugar?

Lo cual quiere decir...

La interpretación de Copenhague, nacida en la década de 1920 en las enfebrecidas mentes de Heisenberg y Bohr, tenía la valiente intención de explicar los estrambóticos resultados obtenidos en los experimentos de la teoría cuántica, o algo así. Sin embargo, para la mayoría, suponía un cambio en la concepción del mundo demasiado desestabilizador como para poder aceptarla sencilla y plenamente. En resumidas cuentas, la interpretación de Copenhague fue la primera en afirmar lo que John Bell y otros corroborarían aproximadamente cuarenta años más tarde: que antes de realizar una medición, una partícula subatómica no existe realmente en un lugar definido ni tiene verdadero movimiento, sino que reside en un extraño nivel inferior sin estar realmente en ningún lugar concreto; y que esta existencia difusa, indeterminada, concluye únicamente cuando se colapsa su función de onda. Los partidarios de la interpretación de Copenhague tardaron solo unos años en darse cuenta de que *nada* es real a menos que sea percibido. La interpretación de Copenhague tiene absoluto sentido si la realidad es el biocentrismo; de lo contrario, es un enigma total.

Si queremos algún tipo de alternativa a la idea de que la función de onda de un objeto se colapse solo porque alguien la mira, y preferimos evitar esa clase de acción fantasmagórica a distancia, podemos dar un salto y embarcarnos en la hipótesis rival de la interpretación de Copenhague, esto es, la interpretación de los muchos mundos, cuyo fundamento es que todo lo que *puede* ocurrir, ocurre. De acuerdo con ella, el universo existe en un continuo proceso de gemación, como la de la levadura, dividiéndose en una infinitud de universos que contienen todas las posibilidades, por más remotas que sean. Es decir, ahora tú ocupas uno solo de esos universos, pero hay innumerables universos más, en los que otro «tú», que en determinado momento estudió fotografía y no contabilidad, se fue en verdad a vivir a París y se casó con aquella chica a la que conoció haciendo autoestop. Según este punto de vista, al que se adhieren teóricos modernos tales como Stephen Hawking, nuestro universo no tiene ningún tipo de superposiciones ni contradicciones, acciones fantasmagóricas ni no localidad, sino que fenómenos cuánticos aparentemente contradictorios, junto con todas las elecciones que personalmente crees que nunca hiciste, existen ahora mismo en incontables universos paralelos.

¿Cuál de las dos está en lo cierto? Todos los experimentos realizados con partículas entrelazadas en las últimas décadas parecen corroborar cada vez más la interpretación de Copenhague, que, como hemos dicho, respalda sólidamente el biocentrismo.

Algunos físicos, como Einstein, han sugerido que las «variables ocultas» (es decir, todo aquello que aún no se ha descubierto o comprendido) podrían explicar en última instancia el extraño comportamiento cuántico tan contrario a la lógica. Quién sabe si, tal vez, el propio instrumental de medición no contamina, de un modo que todavía nadie ha concebido, el comportamiento de los objetos que observamos. Obviamente, es imposible refutar la sugerencia de que una variable desconocida pueda estar produciendo cierto resultado, ya que la frase en sí es igual de inútil que las promesas electorales de los políticos.

El público sigue prefiriendo quitar importancia a las implicaciones que tienen estos experimentos, dado que, hasta hace poco, el comportamiento cuántico se limitaba al mundo microscópico. Sin embargo, esto no tiene ningún fundamento racional y, lo que es aún más importante, muchos laboratorios de todo el mundo han empezado ya a desafiar esa postura. Los últimos experimentos llevados a cabo con moléculas inmensas llamadas «buckybolas» muestran que la realidad cuántica se extiende al mundo macroscópico en el que vivimos. En 2005, los cristales de bicarbonato de potasio ($KHCO_3$) mostraron protuberancias de entrelazado cuántico de 12,7 milímetros de altura —señales visibles de comportamiento cuántico que van introduciéndose en los niveles de discernimiento cotidianos—. De hecho, se acaba de proponer un experimento muy interesante (llamado «superposición a gran escala», *scaled-up superposition*) que podría representar la prueba más fehaciente que exista hasta la fecha de que la concepción biocéntrica del mundo es correcta con respecto a los organismos vivos.

A lo cual contestaríamos: «¡Por supuesto!».

Por tanto, vamos a añadir ahora el tercer principio del biocentrismo:

Primer principio del biocentrismo: Lo que percibimos como realidad es un proceso que exige la participación de la conciencia.

Segundo principio del biocentrismo: Nuestras percepciones exteriores e interiores están inextricablemente entrelazadas; son las dos caras de una misma moneda que no se pueden separar.

Tercer principio del biocentrismo:

EL COMPORTAMIENTO DE LAS PARTÍCULAS SUBATÓMICAS —EN DEFINITIVA, TODAS LAS PARTÍCULAS Y OBJETOS— ESTÁ INEXTRICABLEMENTE LIGADO A LA PRESENCIA DE UN OBSERVADOR. SIN LA PRESENCIA DE UN OBSERVADOR CONSCIENTE, EXISTEN, COMO MUCHO, EN UN ESTADO INDETERMINADO DE ONDAS DE PROBABILIDAD.

UN EXPERIMENTO DE LO MÁS ASOMBROSO

8

La teoría cuántica se ha convertido, desgraciadamente, en una especie de comodín para intentar dar un respaldo científico a todo tipo de insensateces del movimiento Nueva Era. Es más que improbable que los autores de muchos libros que relatan experiencias de control de la mente y de viajes a través del tiempo, y que utilizan la teoría cuántica como «prueba», tengan el menor conocimiento de física o sean capaces de explicar los rudimentos de esta teoría. La popular película, rodada en 2004, titulada ¿Y tú qué sabes? es un buen ejemplo de esto. Empieza asegurando que la teoría cuántica ha revolucionado nuestra forma de pensar —lo cual es cierto—, pero luego, sin explicación de ninguna clase, pasa a afirmar que la gente puede viajar al pasado o «elegir qué realidad quiere vivir».

La teoría cuántica no dice nada semejante. La teoría cuántica trata con probabilidades, y con los lugares en que es probable que aparezcan las partículas y las acciones que es factible que estas realicen. Y aunque es cierto, como veremos, que los bits de luz y de materia cambian realmente de comportamiento dependiendo de si son observados, y que las partículas a las que se hace una medición parecen influir en el comportamiento pasado de otras partículas, esto no significa en modo alguno que los seres humanos puedan viajar al pasado o influir en su propia historia.

Debido al uso tan generalizado de la expresión «teoría cuántica», así como de los principios de cambio de paradigma propios del biocentrismo, utilizar aquella como prueba puede causar bastante asombro entre los escépticos. Por esta razón, es importante que tengáis cierto conocimiento genuino de los experimentos verdaderos de la teoría cuántica, y podáis así diferenciar entre sus auténticos resultados y todas las ridículas aseveraciones que con frecuencia se asocian con ella. A aquellos que tengan un poco de paciencia, este capítulo les ofrecerá una transformadora comprensión de la última versión de uno de los más famosos y asombrosos experimentos de la historia de la física.

El sorprendente experimento de la doble rendija, que ha cambiado nuestra concepción del universo —y que sirve para respaldar el biocentrismo— se ha realizado repetidamente durante décadas. Esta versión en concreto sintetiza un experimento publicado en *Physical Review A* (65, 033818) en 2002, pero en realidad es una variación más, una mejora sutil, de una demostración que se ha hecho una y otra vez durante tres cuartas partes de un siglo.

Todo empezó a principios del siglo XX, cuando los físicos se esforzaban aún por dar respuesta a una pregunta muy antigua: si la luz está formada por partículas llamadas fotones, o si, por el contrario, se trata de ondas de energía. Isaac Newton creía que estaba hecha de partículas; pero, para finales del siglo XIX, la idea de las ondas parecía más razonable. Ya en aquel tiempo, algunos físicos pensaban, profética y acertadamente, que tal vez incluso los objetos sólidos tuvieran también naturaleza de ondas. Para averiguarlo, utilizamos una fuente, bien de luz, o bien de partículas. En el experimento clásico de la doble rendija, las partículas son normalmente electrones, porque son pequeños, fundamentales (no se pueden dividir en nada más) y fáciles de dirigir hacia un blanco distante. Un televisor típico, por ejemplo, dirige los electrones hacia la pantalla.

Empezamos por enfocar la luz hacia una pared de detección. Primero, no obstante, la luz debe pasar a través de la primera barrera, en la que se encuentran las dos ranuras. Tanto si enviamos un torrente de luz o simplemente un solo fotón indivisible cada vez, los resultados son los mismos: cada bit de luz tiene un 50% de probabilidades de atravesar la rendija derecha o la izquierda. Al cabo de un rato, todos estos fotones, que son lanzados a modo de proyectiles, lógicamente crean un patrón —cayendo preferentemente en medio del detector y siendo menos los que van a parar a la periferia, puesto que la mayoría de las trayectorias que sigue la fuente de luz son más o menos rectas—. Las leyes de la probabilidad dicen que deberíamos encontrarnos una agrupación de impactos como esta:

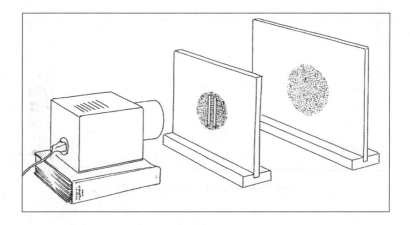

Cuando lo representamos en un gráfico (en el que el número de impactos es vertical y su posición en la pantalla de detección es horizontal), sería de esperar que el resultado de un «bombardeo» de partículas fuera que encontráramos más impactos en la parte central y menos cerca de los bordes, lo cual produciría una curva como la siguiente:

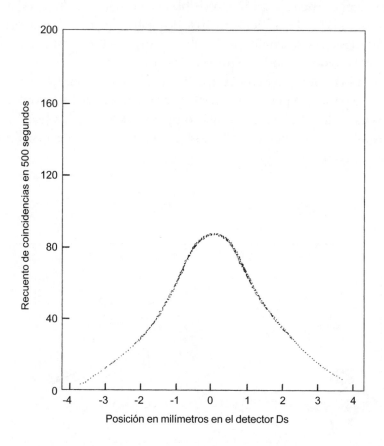

Pero ese no es el resultado que en realidad obtenemos. Cuando se realizan experimentos como este —y se han hecho miles de veces en el curso del siglo pasado—, encontramos que los bits de luz crean, por el contrario, un patrón muy curioso:

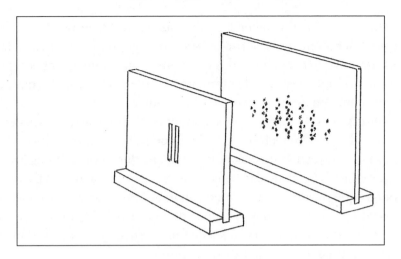

Representado en un gráfico, el patrón de impactos tiene un aspecto como el que sigue:

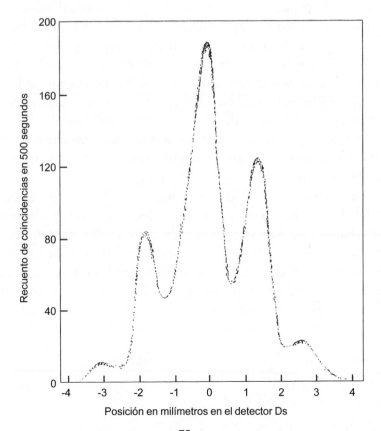

En teoría, los dos picos laterales que se ven a ambos lados del principal deberían ser simétricos. Sin embargo, en la práctica, estamos tratando con probabilidades y con bits de luz individuales, así que el resultado suele desviarse ligeramente del ideal. De todas formas, la gran pregunta en este momento es: ¿por qué este patrón?

Resulta que el patrón es exactamente lo que esperaríamos encontrar si la luz está hecha de ondas, no de partículas, pues las ondas colisionan e interfieren unas con otras, produciendo ondulaciones concéntricas. Si lanzamos dos piedras a un estanque al mismo tiempo, las ondas que producen se encuentran unas con otras y crean lugares en los que el agua sube más o menos de lo normal. Algunas ondas se refuerzan una a otra, o, si la cresta de una se encuentra con el seno de otra, se eliminan mutuamente en ese punto.

De modo que este resultado de un patrón de interferencia, que solo puede ser producido por ondas, mostró a los físicos a principios del siglo xx que la luz es una onda, o al menos actúa de esa manera cuando se realiza este experimento. Lo fascinante del caso es que cuando se utilizaban cuerpos físicos sólidos, como los electrones, el resultado que se obtenía era exactamente el mismo, y eso significa que ¡también las partículas sólidas tienen naturaleza de onda! Está claro por tanto que, desde el primer momento, el experimento de la doble rendija ofreció una asombrosa información sobre la naturaleza de la realidad. ¡Los objetos sólidos tienen naturaleza de onda!

Por desgracia, o por fortuna, este fue solo el aperitivo. Pocos se dieron cuenta entonces de que aquella auténtica extrañeza no era más que el principio.

La primera excentricidad tiene lugar cuando se permite que vuele a través del aparato un solo fotón o electrón cada vez. Después de que lo hayan hecho un número significativo de ellos y se hayan detectado individualmente, aparece el mismo patrón de interferencia. Pero ¿cómo puede ser esto? ¿Con *qué* interfiere cada uno de esos electrones o fotones? ¿Cómo es posible que obtengamos un patrón de interferencia cuando solo actúa un único objeto indivisible cada vez?

Un experimento de lo más asombroso

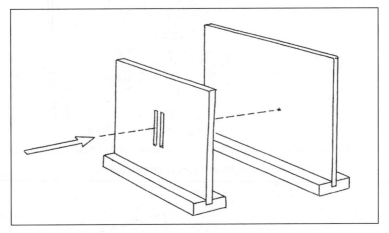

Un solo fotón impacta en el detector

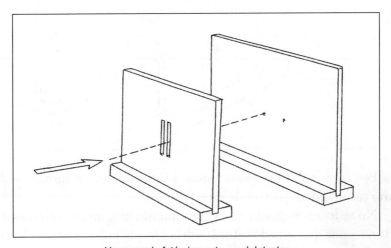

Un segundo fotón impacta en el detector

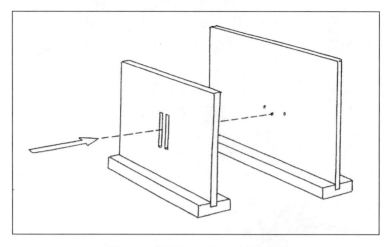

Un tercer fotón impacta en el detector

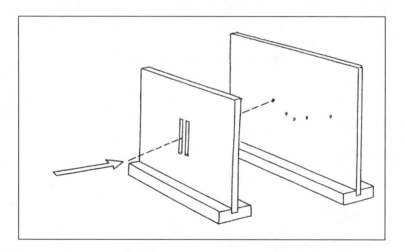

Por alguna razón, ¡estos fotones individuales se suman, y dan como resultado un patrón de interferencia!

No se ha encontrado hasta el momento ninguna respuesta satisfactoria a por qué sucede esto. ¿Podría ser que hubiera otros electrones o fotones «al lado» en un universo paralelo, remanentes de otro experimento en el que se hubiera hecho lo mismo? ¿Podría ser que sus electrones interfirieran con los nuestros? Esta explicación resulta tan inverosímil que muy pocos creen en esta posibilidad.

La interpretación habitual de por qué vemos un patrón de interferencia es que los fotones o electrones tienen dos opciones cuando se encuentran con la doble rendija. No existen de hecho como entidades reales ubicadas en un lugar real hasta que se los observa, y no se los observa hasta que impactan en la barrera de detección final; por tanto, cuando llegan a las rendijas, ejercen su libertad probabilística de adoptar *ambas* opciones. Aunque los electrones y fotones *reales* son indivisibles, y nunca se dividen, bajo ninguna circunstancia, su existencia como ondas de *probabilidad* es otra historia. Lo que de hecho sucede es que no son las entidades reales lo que «atraviesa la rendija», sino las meras probabilidades: ¡las ondas de probabilidad de los fotones individuales interfieren consigo mismas! Cuando ha pasado suficiente número de ellos, vemos el patrón general de interferencia porque todas las probabilidades se solidifican en entidades de hecho que impactan y son observadas como ondas.

Ciertamente es extraño, pero, al parecer, así es como funciona la realidad. Y este es solo el principio de la extrañeza cuántica. La teoría cuántica, como mencionamos en el capítulo anterior, tiene un principio llamado complementariedad, que afirma que podemos observar que los objetos son una cosa o la otra —o que tienen una posición o una propiedad u otra— pero nunca las dos a la vez. Dependerá de lo que estemos buscando y del instrumental de medición que utilicemos.

Supongamos ahora que queremos saber por qué rendija ha pasado un electrón o un fotón dado en su trayectoria hacia la barrera. Es una pregunta que tiene bastante sentido, y resulta bastante fácil averiguar la respuesta. Podemos emplear luz polarizada (es decir, luz cuyas ondas vibran, bien horizontal o bien verticalmente, o que lentamente rotan y van cambiando de orientación), y cuando se emplea tal mezcla, obtenemos el mismo resultado que anteriormente. Vamos a determinar ahora por qué rendija pasa cada electrón. Se han utilizado muchos utensilios diferentes, pero en este experimento usaremos una «placa de cuarto de onda» (*quarter wave plate*, QWP) que colocaremos delante de cada rendija. Cada placa de cuarto de onda modifica la polaridad de la luz de un modo específico, y el detector nos permite saber la polaridad del fotón que entra. De ese modo, si tomamos nota de la polaridad del fotón cuando lo detectamos, sabremos qué rendija ha atravesado.

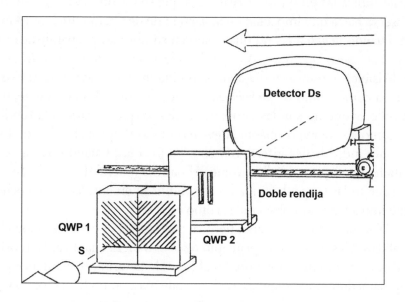

Ahora repetimos el experimento, disparando fotones a través de las rendijas de uno en uno; la única diferencia es que esta vez sabemos por qué rendija pasa cada fotón. Ahora, los *resultados* cambian radicalmente. A pesar de que las placas de cuarto de onda no modifican los fotones en ningún otro sentido que el de cambiarles inofensivamente de polaridad (más adelante demostraremos que este cambio de los resultados no está provocado por las placas de cuarto de onda), ahora ya no obtenemos un patrón de interferencia; la curva de repente cambia a lo que esperaríamos encontrar si los fotones fueran partículas.

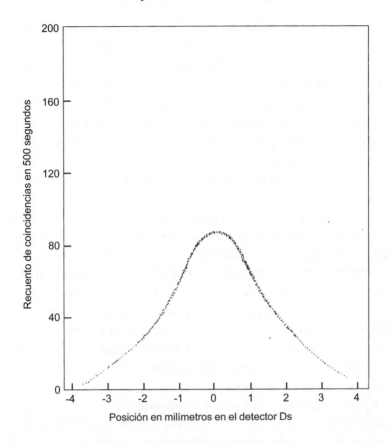

Algo ha sucedido. Resulta que el mero acto de medirlos, de saber la trayectoria que sigue cada fotón, ha destruido la libertad del fotón para permanecer difuso, indefinido, y adoptar ambos caminos hasta llegar a las barreras. Su «función de onda» debió de colapsarse ante la acción de nuestra máquina de medición (las placas de cuarto de onda), dado que instantáneamente «eligió» hacerse partícula y pasar por una rendija o la otra. Su naturaleza de onda se frustró en cuanto perdió su difuso estado probabilístico no del todo real. Pero ¿por qué habría elegido el fotón colapsar su función de onda? ¿Cómo *sabía* que nosotros, el observador, podíamos averiguar qué rendija había atravesado?

Todos los incontables intentos de resolverlo que hicieron las mentes más prodigiosas del siglo pasado fracasaron. Nuestro *conocimiento* del camino tomado por el fotón o el electrón provocó por sí solo que se convirtiera en una entidad definida antes que la vez anterior. Por supuesto, los físicos se preguntaban también si este inexplicable comportamiento podía ser debido a alguna interacción entre el detector de la trayectoria elegida, la placa de cuarto de onda u otros instrumentos empleados y el fotón. Pero no es así. Se han construido detectores totalmente distintos, que no perturban al fotón en modo alguno, y sin embargo siempre se pierde el patrón de interferencia. La conclusión final, a la que se ha llegado al cabo de muchos años, es que simplemente no es posible obtener información sobre la dirección elegida y, a la vez, un patrón de interferencia causado por ondas de energía.

Esto nos trae de vuelta a la complementariedad de la teoría cuántica, es decir, que es posible medir y averiguar solo una de dos características, pero nunca las dos al mismo tiempo: si averiguamos todo lo posible sobre una de ellas, no sabremos nada sobre la otra. Y en caso de que tengas dudas sobre la fiabilidad de las placas de cuarto de onda, debemos decir que, cuando se utilizan en todos los demás contextos, incluidos los experimentos de la doble rendija pero sin barreras que detecten la polarización y nos informen al final, el mero acto de cambiar la polaridad de un fotón nunca ha tenido ni el más leve efecto en la creación de un patrón de interferencia.

Bien, probemos algo distinto. De acuerdo con la teoría cuántica, y como veíamos en el capítulo anterior, hay en la naturaleza partículas o bits de luz (o de materia) entrelazadas, que nacieron juntos y comparten por consiguiente una función de onda. Pueden separarse, tomando direcciones opuestas —incluso hacia lados opuestos de la galaxia— y, no obstante, mantener su conexión, su conocimiento mutuo. Si se interfiere con cualquiera de ellos haciéndole perder su naturaleza de «posibilidades ilimitadas» y tiene que decidir materializarse instantáneamente con, supongamos, una polarización vertical, su gemelo se materializará entonces instantáneamente también, pero con polaridad horizontal. Si uno se convierte en un electrón con un giro hacia arriba (*up-spin*), su gemelo también lo hará, pero con un giro hacia abajo (*down-spin*), ya que están eternamente vinculados de un modo complementario.

Así pues, vamos a utilizar ahora un instrumento que dispara gemelos entrelazados en diferentes direcciones. Los experimentadores pueden crear fotones entrelazados empleando un cristal especial llamado borato de betabario (*beta-barium borate*, BBO). Dentro del cristal, un energético fotón violeta procedente de un láser se convierte en dos fotones rojos, cada uno cargado con la mitad de la energía (dos veces la longitud de onda) del original, luego no hay ni pérdida ni ganancia netas. Los dos fotones con rumbo exterior salen despedidos en direcciones diferentes. Vamos a llamar a sus trayectorias P y S.

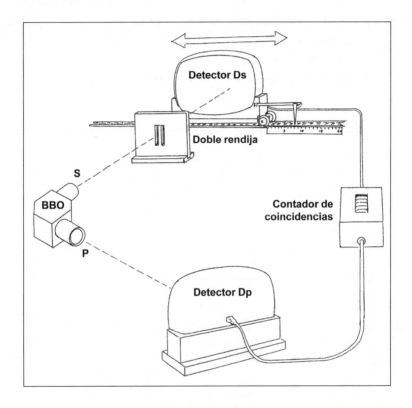

Vamos a montar nuestro experimento original sin realizar ninguna medición de la trayectoria elegida, pero ahora añadimos un contador de coincidencias, cuyo papel es impedirnos conocer la polaridad de los fotones al llegar al detector S a menos que un fotón impacte también en el detector P. Un gemelo pasa por las rendijas (llamémosle fotón *s*) mientras que el otro simplemente se dirige a toda velocidad hacia un segundo detector. Solo cuando ambos detectores registren los impactos aproximadamente al mismo tiempo, sabremos que ambos gemelos han completado su viaje; únicamente entonces se registra algo en nuestro instrumento. El patrón resultante en el detector S es el patrón de interferencia con el que estamos ya familiarizados:

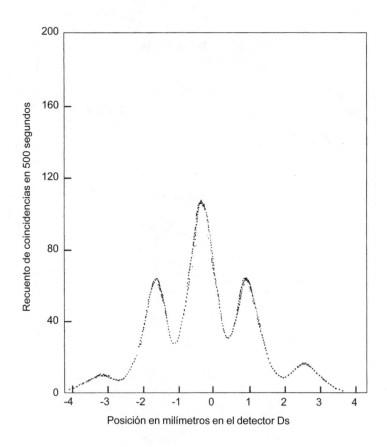

Esto tiene sentido. No hemos intentado obtener información sobre qué rendija ha elegido ningún fotón o electrón en concreto, y por lo tanto los objetos han permanecido como ondas de probabilidad.

Pero vamos a hacer un truco. Primero, restauraremos las placas de cuarto de onda a fin de poder obtener información sobre los fotones que siguen la trayectoria *s*.

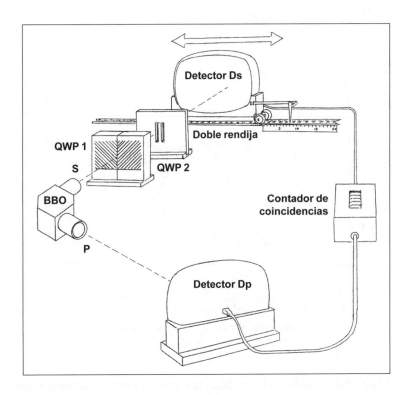

Como era de esperar, el patrón de interferencia ahora se desvanece, y lo reemplaza un patrón de partícula, la curva única.

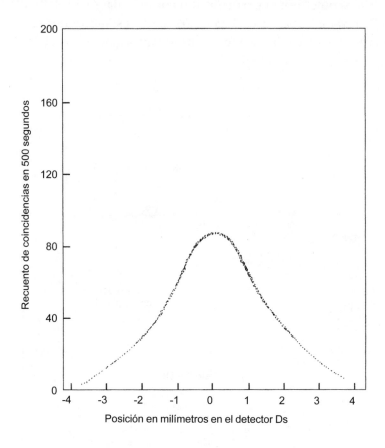

Hasta ahora, todo va bien. Sin embargo, a continuación vamos a eliminar nuestra capacidad de medir las direcciones elegidas por los fotones s pero *sin interferir con ellos en modo alguno*. Podemos hacerlo si colocamos una ventana polarizadora en el camino del otro fotón, p, que se halla a gran distancia. Esta placa impedirá que el segundo detector registre las coincidencias; medirá solo algunos de los fotones y distorsionará con efectividad las dobles señales. Dado que es imprescindible tener un contador de coincidencias para que nos ofrezca información sobre la compleción del viaje de los gemelos, la información que ahora obtengamos no será en absoluto fiable. El instrumento entero será ahora totalmente incapaz de informarnos sobre qué rendija eligen los fotones individuales cuando recorren el camino *s*, puesto que no podremos compararlos con sus gemelos —debido a que no se registrará nada a menos que el contador de coincidencias permita hacerlo—. Y esto tiene que quedar claro: hemos dejado insertadas las placas de cuarto de onda para los fotones *s*; lo único que hemos hecho ha sido intervenir en la trayectoria del fotón *p* de un modo que elimina nuestra capacidad para utilizar el contador de coincidencias a fin de obtener información sobre la trayectoria elegida. (El sistema —hagamos un repaso— nos ofrece información, registra los impactos, solo cuando se mide la polaridad en el detector S y, además, el contador de coincidencias nos dice que, simultáneamente, el fotón *p* ha registrado bien una polaridad concordante, bien una polaridad no concordante, en el detector P.) El resultado es el siguiente:

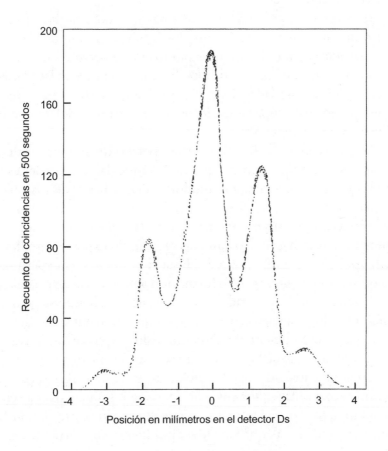

Vuelven a aparecer ondas. Tenemos de vuelta el patrón de interferencia. Sobre la pantalla negra, los lugares físicos en los que impactaron los fotones o electrones que tomaron el camino *s* ha cambiado ahora; sin embargo, no intervinimos en modo alguno en el camino de *estos* fotones, desde que fueron creados en el cristal hasta que terminaron su recorrido en el detector final. Incluso dejamos las placas de cuarto de onda allí donde estaban. Lo único que hicimos fue interferir con el fotón gemelo que se encontraba a distancia a fin de que anulara nuestra capacidad para obtener información. El único cambio estaba en nuestras mentes. ¿Cómo es posible que los fotones que tomaron el camino *s* supieran que habíamos colocado ese otro polarizador, si se hallaba en un lugar tan alejado de sus caminos? Y la teoría cuántica nos dice que obtendríamos el mismo resultado incluso en caso de situar el anulador de nuestra capacidad de información en el otro extremo del universo.

(Por cierto, esto demuestra además que no eran las placas de cuarto de onda las que hacían que los fotones pasaran de ser ondas a ser partículas y modificaran los puntos de impacto en el detector. Ahora obtenemos un patrón de interferencia incluso con las placas de cuarto de onda instaladas. Es exclusivamente nuestro conocimiento lo que parece preocupar a los fotones y electrones. Solamente esto influye en sus acciones.)

De acuerdo, es de lo más extraño, pero estos son los resultados que aparecen siempre, sin excepción. Y lo que dan a entender es que un observador determina el comportamiento físico de los objetos «externos».

¿Podría todo esto *volverse* más chocante todavía? Esperad; ahora vamos a intentar hacer algo aún más radical, un experimento llevado a cabo por primera vez en 2002. Hasta el momento, el experimento ha consistido en eliminar la información sobre la trayectoria elegida interfiriendo con el recorrido de *p* y, después, midiendo su gemelo *s*. Quizá tenga lugar alguna especie de comunicación entre los fotones *p* y *s* que permita a *s* tener conocimiento de lo que nosotros sabremos y que, por lo tanto, le dé luz verde para ser partícula u onda y para crear o no crear un patrón de interferencia. Tal vez cuando el fotón *p* se encuentra con el polarizador envíe un mensaje instantáneo a *s* a velocidad infinita, para que el fotón *s* sepa que debe materializarse al instante en una entidad real, que ha que ser por fuerza una partícula, puesto que solo las partículas pueden pasar por una rendija o la otra, y no por las dos. El resultado es que no aparece ningún patrón de interferencia. Para comprobar si esto es así, vamos a realizar una acción más. En primer lugar, aumentaremos la distancia que los fotones p tendrán que recorrer hasta alcanzar el detector, a fin de que tarden más tiempo en llegar; de esta manera, los fotones que tomen la ruta s impactarán en sus detectores antes que ellos. Sin embargo, asombrosamente, ¡los resultados no cambian! Cuando insertamos las placas de cuarto de onda en el recorrido s, los márgenes desaparecen, y cuando insertamos el aleatorizador de polarización en el recorrido p y perdemos la capacidad de medir las coincidencias que nos permiten determinar la información sobre la elección de recorrido hecha por los fotones s, los márgenes vuelven a ser como antes. Pero ¿cómo puede ser esto? Los fotones que toman el camino s ya han completado su viaje. Bien pasaron por una rendija, por la otra, o por las dos; bien se colapsó su función de onda y se convirtieron en partícula, o bien no. El juego ha terminado. Se ha acabado la acción. Todos han llegado a la barrera final, han impactado en ella y han sido detectados antes de que el gemelo p se encontrara con el aleatorizador de polarización que nos dejaría sin posibilidad de obtener información sobre el camino elegido.

Aun así, los fotones, misteriosamente, saben si tendremos o no acceso a la información sobre el camino elegido *en el futuro*, y deciden no colapsarse, no convertirse en partículas, antes incluso de que sus gemelos distantes se encuentren con el aleatorizador. (Si quitamos el aleatorizador de P, los fotones de S vuelven de repente a ser partículas, igualmente antes de que los fotones de P lleguen a su detector y activen el contador de coincidencias.) Por alguna razón, el fotón s sabe si el marcador del recorrido elegido será eliminado, a pesar de que ni él ni su gemelo se hayan encontrado todavía con ningún mecanismo anulador de la información. Conoce cuándo su comportamiento de interferencia puede estar presente, cuándo puede permanecer a salvo en su difusa realidad fantasmal de las dos rendijas, porque aparentemente sabe que el fotón p —allá a lo lejos— va a impactar en el aleatorizador *en algún momento* y que esto nos impedirá en última instancia enterarnos de qué recorrido eligió p.

No importa cómo dispongamos el experimento. Nuestra mente y nuestro conocimiento, o la ausencia de él, es *lo único* que determina cómo se comportan estos bits de luz o de materia.

Esto nos obliga también a preguntarnos por el tiempo y el espacio. ¿Pueden ser reales cualquiera de los dos, si los gemelos actúan basándose en la información antes de que tenga lugar y lo hacen instantáneamente, a través de la distancia, como si no hubiera ninguna separación entre ellos?

Una y otra vez, las observaciones han confirmado sistemáticamente que los efectos dependen del observador, como postula la teoría cuántica. En la última década, los físicos del National Institute of Standards and Technology (NIST) han llevado a cabo un experimento que, en el mundo cuántico, equivale a demostrar que «olla que se mira nunca hierve». «Parece ser —dice Peter Coveney, investigador de este centro— que el acto de observar un átomo le impide cambiar.» (Teóricamente, si observáramos con suficiente intensidad una bomba nuclear, nunca explosionaría, es decir, si pudiéramos vigilar sus átomos cada millón billonésima de segundo. Este es otro de los experimentos que apoyan la teoría de que la estructura del mundo físico, y de las pequeñas unidades de materia y energía concretas, están influidas por la observación humana.)

En las dos últimas décadas, los teóricos cuánticos han demostrado, en teoría, que un átomo no puede cambiar su estado de energía mientras se lo observe continuamente. Así que ahora, para poner a prueba este concepto, el grupo de experimentadores de láser del NIST mantuvo una agrupación de iones de berilo de carga positiva, el *agua*, por así decirlo, en una posición fija sirviéndose de un campo magnético, la *olla*. Aplicaron *calor* a la olla en forma de un campo de radiofrecuencias que elevaría los átomos de un estado de baja energía a uno de energía más alta. La transición tarda normalmente alrededor de un cuarto de segundo. Sin embargo, cuando los investigadores «vigilaban» los átomos intermitentemente cada cuatro milisegundos con un breve destello de luz procedente de un láser, los átomos no llegaban nunca a alcanzar un estado de energía superior, a pesar de que la fuerza los atrajera hacia ella. Se diría que el proceso de medición da a los átomos «un leve codazo», obligándolos a volver al estado de energía más baja —devolviendo, en efecto, el sistema a cero—. Este comportamiento no tiene analogía en el mundo clásico de la conciencia en sentido cotidiano y es aparentemente una función de la observación.

¿Misterioso? ¿Inexplicable? Cuesta creer que tales efectos sean reales. Es un resultado fantástico. Cuando la física cuántica se hallaba en sus primeros tiempos de descubrimiento, a comienzos del siglo pasado, incluso algunos físicos desecharon los hallazgos de los experimentos por considerarlos imposibles o improbables. Es curioso recordar la reacción que provocaron en Albert Einstein: «Sé que este asunto carece de cualquier contradicción; sin embargo, desde mi punto de vista, contiene cierta irracionalidad».

Fue la llegada de la física cuántica, y la caída de la objetividad, lo que hizo a los científicos volver a plantearse la vieja cuestión de si es posible comprender el mundo como una forma de la mente. Einstein, en un paseo desde el Instituto de Estudios Avanzados de la Universidad de Princeton hasta su casa en Mercer Street, demostró la continua fascinación y escepticismo que sentía ante la idea de una realidad objetiva externa al preguntar a Abraham Pais si él realmente creía que la luna existía solo si la miraba. Desde aquel tiempo, los físicos han analizado y revisado sus ecuaciones en un vano intento de llegar a una declaración de las leyes naturales que no dependa en modo alguno de las circunstancias del observador. Pero Eugene Wigner, uno de los físicos más eminentes del siglo XX, acabaría asegurando que «no es posible formular las leyes [de la física] de forma plenamente sistemática sin referirse a la conciencia [del observador]». Así, cuando la teoría cuántica da a entender que debe existir la conciencia, tácitamente nos dice que el contenido de la mente es la realidad suprema, y que solo un acto de observación puede dar forma a la realidad..., desde el diente de león que crece en medio de un prado, hasta el sol, el viento y la lluvia.

De modo que hemos llegado al cuarto principio del biocentrismo:

Primer principio del biocentrismo: Lo que percibimos como realidad es un proceso que exige la participación de la conciencia.

Segundo principio del biocentrismo: Nuestras percepciones exteriores e interiores están inextricablemente entrelazadas; son las dos caras de una misma moneda que no se pueden separar.

Tercer principio del biocentrismo: El comportamiento de las partículas subatómicas —en definitiva, todas las partículas y objetos— está inextricablemente ligado a la presencia de un observador. Sin la presencia de un observador consciente, existen, como mucho, en un estado indeterminado de ondas de probabilidad.

BIOCENTRISMO

Cuarto principio del biocentrismo:

SIN CONCIENCIA, LA «MATERIA» RESIDE EN UN ESTADO DE PROBABILIDAD INDETERMINADO. CUALQUIER UNIVERSO QUE PUDIERA HABER PRECEDIDO A LA CONCIENCIA HABRÍA EXISTIDO SOLO EN UN ESTADO DE PROBABILIDAD.

EL UNIVERSO DE RICITOS DE ORO 9

Dondequiera que haya vida, [el mundo] cobra
súbitamente presencia a su alrededor.

RALPH WALDO EMERSON

El mundo parece estar diseñado para la vida, y no solo a la escala microscópica del átomo, sino a la del universo. Los científicos han descubierto que el cosmos tiene una lista muy larga de atributos que hacen que parezca que todo lo que contiene —desde los átomos hasta las estrellas— esté hecho exactamente a nuestra medida. Muchos han empezado a llamar a esta revelación el principio de Ricitos de Oro, porque el universo no es «demasiado esto» o «demasiado aquello», sino «justamente idóneo» para la vida. Hay también quienes invocan el principio del diseño inteligente, porque no creen que se deba a un puro accidente que sea tan idealmente adecuado para nosotros, aunque este último calificativo es una caja de Pandora que da pie a todo tipo de argumentos probíblicos y de otro tipo que, en el mejor de los casos, son irrelevantes para lo que nos ocupa. Sea cual fuere el nombre que se le dé, el descubrimiento es ya causa de una enorme conmoción dentro de la comunidad astrofísica y también más allá de sus confines.

De hecho, en Estados Unidos nos encontramos actualmente en medio de un gran debate acerca de algunas de estas observaciones. La mayoría de nosotros probablemente hayamos estado al tanto de los recientes procesos judiciales sobre si se puede enseñar en las clases de Biología de las escuelas públicas la idea de un diseño inteligente como alternativa a la idea de la evolución. Los defensores de esta postura alegan que la teoría de la evolución de Darwin es exactamente eso: una teoría, que no puede dar una explicación satisfactoria del origen de toda vida, lo cual naturalmente no pretende hacer. Creen que el universo es en sí mismo producto de una fuerza inteligente, a la que la mayoría de la gente llamaría sencillamente Dios. En el lado opuesto se encuentran la gran mayoría de los científicos, que piensan que, aunque ciertamente la selección natural tiene algunas lagunas, es sin embargo a todos los efectos un hecho científico. Ellos y otros críticos de la idea del diseño inteligente lo acusan de ser solo un nuevo envoltorio, esta vez transparente, de la concepción bíblica de la creación, y de violar, por tanto, la separación constitucional entre Iglesia y Estado.

Sería magnífico que este dejara de ser un debate contencioso sobre la posibilidad de sustituir la evolución por religión y tomara un rumbo más productivo, planteando la pregunta de si la ciencia es capaz de explicar por qué al parecer está el universo concebido expresamente para la vida. Por supuesto, el hecho de que el cosmos parezca estar exactamente equilibrado y diseñado para la vida es simplemente una observación científica ineludible, no una explicación de por qué es así.

De momento, solo existen tres explicaciones para este misterio. Una es decir: «Lo hizo Dios», lo cual no explica nada aunque fuera verdad. La segunda es invocar el razonamiento del principio antrópico, algunas de cuyas versiones apoyan sólidamente el biocentrismo, que examinaremos a continuación. Y la tercera opción es el biocentrismo, puro y simple, que por sí solo responde plenamente a la pregunta.

Sea cual fuere la lógica que adoptes, estarás de acuerdo con el hecho de que vivimos en un cosmos muy peculiar.

Para finales de la década de 1960, resultaba obvio que si el *Big Bang* hubiera sido tan solo una millonésima parte más potente, el cosmos habría explotado a demasiada velocidad como para permitir que se formaran estrellas y mundos. El resultado: nosotros no habríamos existido. Y lo que es una «coincidencia» aún mayor: las cuatro fuerzas del universo y todas sus constantes están dispuestas a la perfección para que se produzcan interacciones atómicas, para que existan átomos y elementos, planetas, agua en forma líquida y vida. La más mínima alteración de cualquiera de esas constantes, y nunca habríamos existido.

Las constantes (y sus valores modernos) comprenden:

Los valores que ofrecemos a continuación proceden del CODATA (Comité de información para la ciencia y la tecnología) 1998, recomendado por el National Institute of Standards and Technology de Estados Unidos (NIST).
Los valores contienen la incertidumbre en los dos últimos decimales que aparecen entre paréntesis.
Los valores junto a los que no aparece tal incertidumbre son exactos.
Por ejemplo:

$$m_u = 1.66053873(13) \times 10^{-27} \text{ kg}$$

$$m_u = 1.66053873 \times 10^{-27} \text{ kg}$$

$$\text{Incertidumbre en } m_u = 0.00000013 \times 10^{-27} \text{ kg}$$

NOMBRE	SÍMBOLO	VALOR
Unidad de masa atómica	m_u	$1.66053873(13) \times 10^{-27}$ kg
Número de Avogadro	N_A	$6.02214199(47) \times 10^{23}$ mol^{-1}
Magnetón de Bohr	μ_B	$9.27400899(37) \times 10^{-24}$ JT^{-1}
Radio de Bohr	a_o	$0.5291772083(19) \times 10^{-10}$ m
Constante de Boltzmann	k	$1.3806503(24) \times 10^{-23}$ JK^{-1}
Longitud de onda de Compton	λ_c	$2.426310215(18) \times 10^{-12}$ m
Masa del deuterón	m_d	$3.34358309(26) \times 10^{-27}$ kg
Constante eléctrica	ε_o	$8.854187817 \times 10^{-12}$ Fm^{-1}
Masa del electrón	m_e	$9.10938188(72) \times 10^{-31}$ kg
Electrón-voltio	eV	$1.602176462(63) \times 10^{-19}$ J
Carga elemental	e	$1.602176462(63) \times 10^{-19}$ C
Constante de Faraday	F	$9.64853415(39) \times 10^4$ C mol^{-1}
Constante de estructura fina	α	$7.297352533(27) \times 10^{-3}$
Energía de Hartree	E_h	$4.35974381(34) \times 10^{-18}$ J
Estado fundamental del hidrógeno	$(r) = \dfrac{3a_0}{2}$	13.6057 eV
Constante de Josephson	K_j	$4.83597898(19) \times 10^{14}$ Hz V^{-1}
Constante magnética	μ_o	4×10^{-7}
Constante molar de un gas	R	$8.314472(15)$ JK^{-1} mol^{-1}
Unidad natural de acción	h	$1.054571596(82) \times 10^{-34}$ Js

BIOCENTRISMO

NOMBRE	SÍMBOLO	VALOR
Constante de la gravitación de Newton	G	$6.673(19) \times 10^{-11}$ m3 kg^{-1} s^{-2}
Masa del neutrón	m_n	$1.67492716(13) \times 10^{-27}$ kg
Magnetón nuclear	μ_n	$5.05078317(20) \times 10^{-27}$ JT^{-1}
Constante de Planck	h	$6.62606876(52) \times 10\text{-}34$ Js h= 2
Longitud de Planck	l_p	$1.6160(12) \times 10^{-35}$ m
Masa de Planck	m_p	$2.1767(16) \times 10^{-8}$ kg
Tiempo de Planck	t_p	$5.3906(40) \times 10^{-44}$ s
Masa del protón	m_p	$1.67262158(13) \times 10^{-27}$ kg
Constante de Rydberg	R_H	$10\ 9.73731568549(83) \times 10^5$ m^{-1}
Constante de Stefan Boltzmann	σ	$5.670400(40) \times 10^{-8}$ W m^{-2} K^{-4}
Velocidad de la luz en el vacío	C	2.99792458×10^8 m s^{-1}
Sección transversal de Thompson	σ_e	$0.665245854(15) \times 10^{-28}$ m^2
Constante de la ley de desplazamiento de Wien	b	$2.8977686(51) \times 10^{-3}$ m K

Estos valores de la física, tan favorables a la vida, están incorporados al universo como las fibras de algodón y lino a nuestro papel moneda. La constante gravitatoria quizá sea la más famosa, pero la constante de estructura fina, alfa (α), es exactamente igual de imprescindible para la vida; si fuera tan solo 1,1x o más de su valor actual, no podría seguir produciéndose fusión en las estrellas. La constante de estructura fina recibe una observación tan atenta porque el *Big Bang* creó hidrógeno y helio casi puros, y prácticamente nada más. Para que exista vida, se necesitan oxígeno y carbono (solo el agua precisa oxígeno); y el primero no representa por sí mismo un problema demasiado grave, ya que se crea oxígeno en el núcleo de las estrellas como producto ocasional de la fusión nuclear, pero el carbono ya es otra historia. ¿De dónde se supone, entonces, que proviene el carbono que hay en nuestros cuerpos? La respuesta nos llegó hace medio siglo, y, por supuesto, tiene que ver con esas fabulosas fábricas donde todos los elementos que se producen son más pesados que el hidrógeno y el helio: el centro de los soles. Cuando al cabo del tiempo las estrellas más pesadas explotan, dando lugar a las supernovas, liberan este material a su medio ambiente, donde es absorbido, junto con las nebulosas de hidrógeno interestelar, y pasa a formar parte del material que constituirá la siguiente generación de estrellas y planetas. Cuando esto ocurre en una generación de estrellas recién formadas, estas se enriquecen con un porcentaje aún más alto de elementos pesados, o metales, y las más pesadas y voluminosas de ellas acaban por explotar. El proceso se repite. En el lugar del cosmos que ocupamos, nuestro Sol, es una estrella de tercera generación, y los planetas que giran alrededor de él, incluidos todos los materiales de los que están constituidos los organismos vivos de la Tierra, se componen de este inventario de rica y compleja materia de tercera generación.

En cuanto al carbono en concreto, la clave de su existencia reside en una sorprendente particularidad del propio proceso de fusión nuclear, cuyas reacciones hacen que el Sol y las estrellas brillen. La reacción nuclear más común tiene lugar cuando dos núcleos atómicos o protones que avanzan a velocidad extrema colisionan y se fusionan, formando un elementos más pesado, que generalmente es helio, pero que puede ser más pesado aún, sobre todo a medida que la estrella envejece.

El carbono no debería poder producirse por este proceso, puesto que en todos los pasos intermedios desde el helio hasta el carbono intervienen núcleos de gran inestabilidad. La única manera de que pueda crearse sería que *tres* núcleos de helio colisionaran a la vez. Ahora bien, las probabilidades de que tres núcleos de helio colisionen en el mismo microsegundo, incluso en la agitación suma del interior de las estrellas, son minúsculas.

Fue Fred Hoyle —no el autor del famoso libro de reglas para los juegos de cartas, sino el que defendió la teoría del estado estacionario de un universo eterno hasta la triste muerte de esta grandiosa idea en los años 1960— el que acertadamente llegó a sacar en claro que algo insólito y asombroso debía de suceder en el interior de las estrellas que fuera capaz de incrementar significativamente las probabilidades de que se produjera esa rara colisión a tres bandas, y dar así al universo el abundante carbono que encontramos en toda criatura viva. El truco en este caso era una especie de «resonancia», debido a la cual pueden coincidir efectos de lo más dispares y formar algo inesperado, de la misma manera que, al coincidir la periodicidad vibratoria del viento con la de la estructura original del puente colgante de Tacoma Narrows hace más de sesenta años, tras un violento vaivén el puente se vino abajo.[1] Y este es el quid de la cuestión: resulta que el carbono

---

1. Puede verse un vídeo del suceso en http://www.microsiervos.com/archivo/mundoreal/

tiene un estado de resonancia a una energía que es exactamente la necesaria para que las estrellas puedan crearlo en cantidades significativas. La resonancia del carbono, a su vez, depende directamente del valor de la interacción nuclear fuerte, que es la que lo aglutina todo dentro de cada núcleo atómico hasta los más lejanos confines del espacio-tiempo.

La interacción nuclear fuerte resulta todavía bastante misteriosa, y sin embargo es crucial para el universo que conocemos. Su influencia nunca excede los confines del átomo; es más, su fuerza decae a una rapidez tan vertiginosa que está ya anémica para cuando llega a los extremos de los átomos de gran tamaño. Esta es la razón de que los átomos gigantes, tales como los del uranio, sean tan inestables. Los protones y neutrones más periféricos de su núcleo se hallan en los bordes de la masa, allí donde la interacción nuclear fuerte conserva solo un frágil agarre, de modo que, ocasionalmente, uno de ellos es capaz de superar la férrea acción inmovilizadora que ejerce esa interacción fuerte y se desprende, transformando el átomo en algo distinto.

Si la interacción nuclear fuerte y la gravedad están ajustadas de forma tan increíble, no podemos ignorar la fuerza electromagnética que predomina en las conexiones eléctricas y magnéticas que encontramos en los átomos. Explicando esta cuestión, el gran físico teórico Richard Feynman decía en su libro *The Strange Theory of Light and Matter* (Princeton University Press, 1985): «Ha sido un misterio desde que se descubrió hace más de cincuenta años, y todos los buenos físicos teóricos anotan este número en su pizarra y se preocupan por él. A uno le gustaría saber de inmediato de dónde sale este número para [hacer] un acoplamiento: ¿está relacionado con π, o tal vez con la base de los logaritmos naturales? Nadie lo sabe. Es un condenado misterio, uno de los mayores de la física: un número mágico que nos llega y que no somos capaces de entender. Sería como decir que fue "la mano de Dios" la que escribió ese número, y que "no sabemos cómo movió el lápiz para escribirlo". Sabemos el tipo de danza que debemos ejecutar experimentalmente para medirlo con enorme exactitud, pero no sabemos qué tipo de danza ejecutar en la computadora para hacer que salga este número, ¡sin introducirlo nosotros en secreto!».

Alcanza un 1/137 cuando las unidades están llenas, y lo que esto significa es una constante del electromagnetismo, otra de las cuatro

---

caida-puente-colgante-tacoma.html. (N. de la T.)

98

fuerzas fundamentales, que favorece la existencia de los átomos y permite que prevalezca todo el universo visible. Cualquier mínimo cambio de valor, y ninguno de nosotros estaríamos aquí.

Todas estas peculiaridades influyen poderosamente en el pensamiento cosmológico. Después de todo, ¿no deberían las teorías cosmológicas poder dar una explicación plausible de por qué vivimos en una realidad tan extremadamente inverosímil?

«En absoluto», afirmó el físico de Princeton Robert Dicke en sus artículos, escritos en los años 1960 y que Brandon Carter desarrolló en 1974, perspectiva a la que se llamó «el principio antrópico». Carter explicaba que lo que podemos esperar observar «está necesariamente restringido por las condiciones imprescindibles para que estemos presentes como observadores». Dicho de otra manera, si la gravedad fuera un ápice más fuerte, o el *Big Bang* una pizca más débil, y, por lo tanto, la vida del universo fuera significativamente más corta, no estaríamos aquí para pensar en ello. Puesto que estamos aquí, el universo tiene que ser de la manera que es y, por consiguiente, no es improbable en absoluto. Caso cerrado.

Basándonos en este razonamiento, no hay ninguna necesidad de gratitud cósmica. Nuestro escenario aparentemente fortuito y sospechosamente específico así como los límites de la temperatura y el ambiente químico y físico son sencillamente lo que se necesita para producir vida. Si estamos aquí, eso es por tanto lo que hemos de encontrar a nuestro alrededor.

Este razonamiento se conoce como la versión «débil» del principio antrópico. La versión «fuerte», que se acerca a la periferia de la filosofía aún más pero que apoya claramente el biocentrismo, asegura que el universo *debe* tener aquellas propiedades que permiten que la vida se desarrolle dentro de él porque obviamente fue «diseñado» con la meta de generar y sustentar observadores. Pero sin el biocentrismo, el principio antrópico fuerte no cuenta con ningún mecanismo para explicar por qué debe tener el universo propiedades sustentadoras de la vida. Yendo todavía un paso más allá, el físico John Wheeler (1911-2008), que fue quien acuñó el término «agujero negro», defendió lo que ahora se llama el principio antrópico participativo (PAP): a los observadores se les *exige* que den existencia al universo. La teoría de Wheeler expone que cualquier vida previa en la Tierra habría existido en un estado indeterminado, como el gato de Schrödinger. Una vez que existe un observador, los aspectos del cosmos que él observa se ven forzados a adoptar un estado, estado que incluye una supuesta vida previa en la Tierra, lo cual significa que un universo previo a la vida solo puede existir *retroactivamente* tras la aparición de la conciencia. (Debido a que el tiempo es una ilusión de la conciencia, como pronto veremos, todas estas referencias al antes y al después no son estrictamente correctas, pero nos ofrecen un modo de visualizar las cosas.)

Si el universo se hallaba en un estado indeterminado hasta que un observador lo obligó a determinarse, y ese estado indeterminado incluía la determinación de las diversas constantes fundamentales, esto quiere decir que la determinación se produciría necesariamente de tal forma que permitiera la existencia de un observador, y las constantes tendrían que determinarse de tal manera que permitieran la vida. El biocentrismo, por consiguiente, apoya y toma como base las conclusiones de Wheeler sobre adónde nos conduce la teoría cuántica, y ofrece una solución para el problema antrópico que es única, y más razonable, que ninguna alternativa.

Si bien es innecesario decir que las dos últimas versiones del principio antrópico respaldan sólidamente el biocentrismo, muchos miembros de la comunidad astronómica parecen adherirse a la versión antrópica más simple, al menos por prevención. «Me gusta el principio antrópico débil —contestó el astrónomo Alex Filippenko, de la Universidad de California, cuando uno de los autores le preguntó su opinión—. Utilizado apropiadamente, tiene cierta capacidad de predicción. Al fin y al cabo —añadió—, algunos cambios mínimos de las que parecen ser aburridas propiedades del universo podrían haber producido fácilmente un universo en el que no habría habido nadie para aburrirse.»

¡Ah!, pero la cuestión es que no fue así, ni podía ser así.

No obstante, para ser francos y presentar todos los puntos de vista, debemos decir que algunos críticos se preguntan si el principio antrópico débil no es más que una muestra de pensamiento circular, o una manera simplista de librarse de tener que explicar las enormes peculiaridades del universo físico. El filósofo John Leslie afirma, en su libro *Universes*, publicado en 1989 (y reimpreso en 1996): «Si un hombre está delante de un pelotón de fusilamiento de cien soldados, se va a quedar más que sorprendido si ni una sola bala da en el blanco.

Podría decirse a sí mismo: "Claro que todas han fallado; tiene sentido que sea así porque, de lo contrario, no estaría aquí preguntándome cómo es que todas han fallado". Pero cualquier persona en su sano juicio querrá saber cómo es que ha ocurrido un acontecimiento tan inverosímil».

Sin embargo, el biocentrismo tiene una explicación sobre por qué ninguno de los disparos dio en el blanco. Si el universo está creado por la vida, ningún universo que no reuniera condiciones para la vida podría existir. Esto encaja a la perfección con la teoría cuántica y con el *universo participativo* de John Wheeler, en el que los observadores son un requisito imprescindible para que el cosmos cobre existencia. Dado que, antes de la presencia de un observador, si es que alguna vez hubo un tiempo semejante, el universo se hallaba en un estado de probabilidad indeterminada (en el que algunas de esas probabilidades —o la mayoría— no permitían que hubiera vida), cuando la observación empezó y el universo se colapsó, adoptando un estado real, inevitablemente lo hizo adquiriendo un estado que reuniera las condiciones necesarias para la existencia de la observación que lo hizo colapsarse. Al adoptar el punto de vista del biocentrismo, desaparece el misterio del universo de Ricitos de Oro, y se vuelve obvio el papel crucial que desempeñaron la vida y la conciencia en su formación.

Así pues, o nos encontramos ante una coincidencia increíblemente improbable en cuanto al hecho irrebatible de que el cosmos hubiera podido tener cualquier serie de propiedades pero resultó tener exactamente las adecuadas para la vida, o nos encontramos exactamente ante lo que ha de tenerse en cuenta si el cosmos es realmente biocéntrico. En cualquiera de los casos, la noción de un universo aleatorio, como una bola de billar que hubiera podido estar a merced de cualquier fuerza capaz de favorecer cualquier ámbito de valores pero que, por el contrario, extrañamente tiene justo los que son necesarios para que haya vida, parece lo bastante imposible como para considerarse una rematada insensatez.

Y si algo de esto suena demasiado absurdo, contemplemos por un momento la alternativa, que es lo que la ciencia contemporánea nos pide que creamos: que el universo entero, hecho exquisitamente a nuestra medida, a medida de la existencia, surgió de repente de la nada absoluta. ¿Quién, en su sano juicio, aceptaría algo así? ¿Ha hecho alguien una sugerencia verosímil de cómo fue que, hace unos

14.000 millones de años, recibimos de pronto 100.000 millones de veces más que un billón de billones de billones de materia directamente de la nada? ¿Ha explicado alguien cómo las burdas moléculas de carbono, hidrógeno y oxígeno pudieron, por una combinación accidental, empezar a sentir —¡hacerse conscientes!— y luego utilizar esa capacidad de sentir para desarrollar el gusto por los perritos calientes y el *blues*? ¿Cómo es posible que un proceso natural aleatorio pudiera mezclar esas partículas en una batidora durante varios miles de millones de años para que surgieran de ella los pájaros carpinteros y George Clooney? ¿Puede alguien concebir los extremos del universo, el infinito, o cómo todavía surgen partículas de la nada? ¿O comprender cualquiera de las muchas otras supuestas dimensiones que deben existir por todas partes a fin de que el universo pueda consistir fundamentalmente en una serie de cuerdas y bucles entrelazados? ¿O explicar cómo pueden elementos ordinarios llegar a reorganizarse de tal modo que continúen adquiriendo conciencia de sí mismos y aversión por la ensalada de pasta? O, una vez más, ¿cómo es que todas y cada una de la multitud de fuerzas y constantes están perfectamente sintonizadas para hacer posible la existencia de la vida?

¿Acaso no es obvio que la ciencia solo *finge* explicar el cosmos en su nivel fundamental?

Nos recuerda los grandes éxitos que ha obtenido, al conseguir explicar los procesos intermedios y la mecánica de las cosas y al diseñar maravillosos instrumentos nuevos con materias primas, y cree que eso le da permiso para salir del paso con explicaciones a todas luces ridículas sobre la naturaleza del cosmos como un todo. Si no nos hubiera dado los televisores de alta definición y los teléfonos móviles, no habría captado nuestra atención ni obtenido nuestro respeto el tiempo suficiente como para sacar las tres cartas del juego de Monte cuando se trata de dar respuesta a estas cuestiones fundamentales.

A menos que uno otorgue puntos a la familiaridad y la repetición, la idea de un universo basado en la conciencia no parece descabellada cuando se compara con las alternativas.

Y ahora podemos añadir otro principio:

Primer principio del biocentrismo: Lo que percibimos como realidad es un proceso que exige la participación de la conciencia.

Segundo principio del biocentrismo: Nuestras percepciones exteriores e interiores están inextricablemente entrelazadas; son las dos caras de una misma moneda que no se pueden separar.

Tercer principio del biocentrismo: El comportamiento de las partículas subatómicas —en definitiva, todas las partículas y objetos— está inextricablemente ligado a la presencia de un observador. Sin la presencia de un observador consciente, existen, como mucho, en un estado indeterminado de ondas de probabilidad.

Cuarto principio del biocentrismo: Sin conciencia, la «materia» reside en un estado de probabilidad indeterminado. Cualquier universo que pudiera haber precedido a la conciencia habría existido solo en un estado de probabilidad.

Quinto principio del biocentrismo:

SOLO EL BIOCENTRISMO PUEDE EXPLICAR LA ESTRUCTURA DEL UNIVERSO. EL UNIVERSO ESTÁ PERFECTAMENTE AJUSTADO PARA QUE EN ÉL HAYA VIDA, LO CUAL TIENE VERDADERO SENTIDO, YA QUE LA VIDA CREA AL UNIVERSO, Y NO AL CONTRARIO. EL UNIVERSO ES SENCILLAMENTE LA LÓGICA ESPACIOTEMPORAL COMPLETA DEL SER.

NO HAY TIEMPO QUE PERDER 10

De una salvaje región fantástica que se extiende,
sublime, fuera del Espacio, fuera del Tiempo.

EDGAR ALLAN POE,
El mundo de los sueños (1845)

D ado que la teoría cuántica pone cada vez más en duda la existencia del tiempo tal como lo conocemos, vamos a entrar directamente en esta cuestión científica sorprendentemente antigua. Por más irrelevante que pueda parecer a primera vista, la presencia o ausencia del tiempo es un factor importante en cualquier investigación fundamental sobre la naturaleza del cosmos.

El biocentrismo considera que la sensación que tenemos del avance del tiempo es, en realidad, el simple resultado de una participación irreflexiva en un mundo de actividades y consecuencias infinitas que solo *parece* derivar en un sendero suave y continuo.

A cada momento, estamos al borde de una paradoja conocida como «La flecha», que describió por primera vez el filósofo Zenón de Elea hace dos mil quinientos años. Empezando por la premisa lógica de que nada puede estar en dos sitios a la vez, razonó que una flecha se encuentra únicamente en un lugar durante cualquier instante dado de su trayectoria. Pero si está en un único lugar, debe descansar aunque no sea más que momentáneamente; en ese caso, en cada momento de su trayectoria la flecha ha de estar presente en algún lugar, en alguna localidad específica, y lógicamente, entonces, el movimiento en sí no es lo que realmente está ocurriendo, sino que se trata de una serie de sucesos separados. Esto puede ser un primer indicio de que el movimiento de avance del tiempo —del que es una encarnación el movimiento de la flecha— no es una característica del mundo exterior sino una proyección de algo que está dentro de nosotros, *a medida que enlazamos entre sí aquello que observamos*. Según este razonamiento, el tiempo no es una realidad absoluta, sino un rasgo de nuestras mentes.

La verdad es que hace ya mucho que una peculiar alianza de filósofos y físicos ha puesto en entredicho la realidad del tiempo, argumentando los primeros que el pasado existe solo como ideas en la mente —que en sí mismas son únicamente sucesos neuroeléctricos que tienen lugar estrictamente en el momento presente— y que el futuro es asimismo un mero constructo mental, una anticipación, una agrupación de pensamientos. Y dado que pensar ocurre exclusivamente en el ahora, ¿dónde está el tiempo? ¿Existe el tiempo por sí mismo, separado de los conceptos humanos, que no son más que la base de las fórmulas que empleamos para comunicarnos y describir el movimiento y los sucesos? Vemos que la simple lógica pone seriamente en duda si existe algo fuera del «ahora eterno» que incluye la tendencia de la mente humana a pensar y a ensoñar.

Los físicos, por su parte, consideran que ninguno de los modelos que se han utilizado para comprender la realidad —desde las leyes de Newton y las ecuaciones de campo de Einstein hasta la mecánica cuántica— necesitan del tiempo; todos son simétricos en relación con él. El tiempo es un concepto que busca una función, excepto cuando hablamos de cambio, como en la aceleración; pero cambio (generalmente simbolizado por la letra mayúscula griega delta, Δ) no es lo mismo que tiempo, como pronto veremos.

Comúnmente, se suele hacer referencia al tiempo como «la cuarta dimensión», lo cual a la gente le resulta desconcertante, porque, en la vida cotidiana, el tiempo no guarda ningún parecido con los tres ámbitos espaciales, que, haciendo un repaso de la geometría básica, son:

Las líneas, que tienen una sola dimensión, salvo en la teoría de cuerdas, que ofrece una excepción a las líneas unidimensionales: la cualidad de sus cuerdas de energía/partículas es tan fina que son puntos estirados que no constituyen del todo una verdadera coordenada.

La relación proporcional de su insignificante grosor con respecto a un núcleo atómico es equivalente a la de un protón con respecto a una ciudad.

Los planos, como las sombras sobre una pared plana, que tienen dos dimensiones: largo y ancho.

Los cuerpos tridimensionales, como las esferas o los cubos. Aunque tienen tres dimensiones, a veces se dice que una *verdadera* esfera, o un *verdadero* cubo, necesita cuatro, debido a que perdura. El hecho de que permanezca, y quizá incluso cambie, significa que algo «más», aparte de sus coordenadas, forma parte de su existencia, y a ese algo lo llamamos tiempo. Pero ¿es el tiempo una idea, o se trata de una realidad?

Desde el punto de vista científico, el tiempo *parece* ser indispensable en una sola área: la termodinámica, cuya segunda ley no significa absolutamente nada si no interviene el paso del tiempo. Dicha ley describe la *entropía* (el proceso de pasar de una estructuración mayor a una menor, como ocurre en la parte de abajo de un armario ropero). Sin tiempo, la entropía no puede suceder o ni siquiera tiene sentido.

Pensemos en un vaso que contenga agua de Seltz y cubitos de hielo. Al principio, hay una estructura definida: el hielo está separado del líquido, y también lo están las burbujas, y el hielo y el líquido tienen distinta temperatura. Sin embargo, al cabo de un rato, el hielo se ha derretido, el agua carbonatada ha perdido la efervescencia y los contenidos del vaso se han fundido en una unidad sin estructura. Ahora, salvo la evaporación, no se producirá ningún otro cambio.

Esta evolución, de un estado de estructura y actividad a un estado inerte de igualdad y aleatoriedad, es la entropía. Es un proceso que se extiende a todo el universo y que, según la mayoría de los físicos, prevalecerá cosmológicamente a largo plazo. Hoy día, vemos puntos candentes individuales, como los del Sol, que liberan calor y partículas subatómicas que se extienden a sus frígidos alrededores. La organización que existe actualmente se va disolviendo poco a poco, y esta entropía, esta pérdida general de estructura, es a grandes escalas un proceso que avanza en una sola dirección.

En la ciencia clásica, la entropía no tiene sentido sin una direccionalidad de tiempo porque no es un mecanismo reversible. De hecho, ella *define* la flecha del tiempo. Sin entropía, el tiempo no necesitaría existir en absoluto.

Pero muchos físicos cuestionan este «saber convencional» en cuanto a la entropía. En lugar de considerarse un acto de pérdida de estructura y desorganización como representación de una direccionalidad de tiempo concreta, puede considerarse también como una manifestación de acción aleatoria. Las cosas se mueven, las moléculas se mueven, y lo hacen en el aquí y el ahora; sus movimientos son aleatorios. Un observador no tendrá que esperar demasiado para advertir la disipación de la organización previa. ¿Por qué habría que asignarle flechas, entonces? ¿No deberíamos considerar que esa entropía aleatoria es un ejemplo de la no esencialidad o realidad del tiempo, en lugar de lo contrario?

Supongamos que tenemos una habitación llena de oxígeno, y otra habitación adyacente llena de nitrógeno puro. Abrimos la puerta que hay entre ellas y volvemos al cabo de una semana. Ahora encontramos dos habitaciones llenas, cada una de ellas, de una combinación bien mezclada de ambos gases. ¿Cómo conceptualizaremos lo que ha ocurrido? El punto de vista de la «entropía» dice que, con el tiempo, ha habido una pérdida de la pulcra organización original y ahora tenemos una mera aleatorización. No es reversible. Demuestra la cualidad unidireccional del tiempo. Pero el otro punto de vista es que las moléculas simplemente se han movido. El movimiento no es tiempo. El resultado natural es que se mezclen. Así de sencillo. Cualquier otra cosa no es más que una imposición humana de lo que consideramos que es el orden.

Visto de este modo, la entropía o pérdida de estructura resultante es solo una pérdida para la manera que tienen nuestras mentes de percibir los patrones y el orden; y en función de ella, se considera de golpe que la ciencia tiene, en última instancia, la necesidad de que el tiempo exista como entidad real.

Por todo esto, la realidad o falta de realidad del tiempo constituye sin duda un debate muy antiguo. Es posible que la auténtica respuesta sea mucho más endiabladamente compleja debido a que tal vez existan muchos planos de realidad física que, al igual que incluso nuestra sensación del tiempo puramente subjetiva, puedan *parecer* que operan en ciertos niveles (la vida biológica, por ejemplo) pero sean inexistentes o irrelevantes en otros (por ejemplo, el ámbito cuántico de lo diminuto). Pero lo fundamental es ese *parecer*.

Como nota interesante al margen, los físicos que han investigado la cuestión del tiempo durante las últimas dos o tres décadas se han dado cuenta de que, así como todos los objetos necesitan tener forma, si el tiempo existiera necesitaría una *dirección* de flujo. Esto ha dado lugar a la idea de una «flecha de tiempo» capaz de alterar su curso. Incluso Stephen Hawking creía en una época que si el universo empezaba a contraerse, en el instante en que lo hiciera, el tiempo correría hacia atrás. Pero más adelante cambió de opinión, como para demostrar el proceso. En cualquier caso, la idea de que el tiempo pudiera retroceder (aunque a la larga no tuviera ninguna posibilidad) no era tan descabellada como podía parecer en un principio.

Protestamos porque, a nuestro entender, eso significaría que el efecto precedería a la causa, lo cual jamás puede tener sentido. Un grave accidente de tráfico se convertiría en un asunto de lo más macabro si los heridos empezaran a sanar al instante sin que les quedara la menor huella, a la vez que el vehículo siniestrado daba un salto atrás desarrugándose y autorreparándose hasta quedar como nuevo. Esto no solo es ridículo, sino que no sirve a ningún propósito, como podría ser, en este caso, instruir a los conductores sobre los peligros de utilizar el teléfono móvil mientras se conduce.

La respuesta habitual a esta objeción es que, si el tiempo corriera hacia atrás, todo, incluidos nuestros procesos mentales, operarían también en la misma dirección, luego jamás tendríamos la sensación de que algo extraño estaba ocurriendo.

Todo este tipo de proposiciones incontestables, aparentemente absurdas, tocan felizmente a su fin, sin embargo, cuando consideramos la naturaleza del tiempo por lo que es: un producto biocéntrico, una creación biológica, que no es más que una ayuda operativa muy práctica para el circuito mental de algunos organismos vivos a la hora de realizar ciertas funciones específicas.

Para entender esto, considera por un momento que estás viendo una película de un torneo de tiro con arco mientras tienes presente la paradoja de la flecha de Zenón. Un arquero dispara, y la flecha sale volando. La cámara sigue su trayectoria desde el momento en que sale del arco hasta que llega a la diana, pero, de repente, el proyector se detiene en un solo encuadre de una flecha quieta. Te quedas mirando la imagen de la flecha suspendida en el aire a mitad de vuelo, algo que obviamente no podrías hacer en una competición real, pero, en este caso, el botón de pausa te permite detener la película y conocer la posición de la flecha con gran precisión —está justo pasada la tribuna, a seis metros del suelo—. Ahora bien, has perdido toda la información sobre su impulso; esa flecha no va a ninguna parte; su velocidad es cero. Su recorrido, su trayectoria, es ahora desconocido, es incierto.

Medir la posición con exactitud, en cualquier instante dado, significa atenerse a un fotograma estático, pausar la grabación, por así decirlo.

Como contrapartida, en cuanto observamos el impulso de la flecha, la velocidad que cobra, no podemos aislar el fotograma, puesto que el movimiento es la *suma* de todos los fotogramas. La agudeza de observación de un parámetro difumina la del otro. Aparece la incertidumbre en cuanto nos enfocamos en algo, ya sea el movimiento o la posición.

Al principio se daba por hecho que la incertidumbre que aparecía al llevar a la práctica la teoría cuántica era debida a alguna insuficiencia tecnológica por parte del experimentador o sus instrumentos, a alguna falta de sofisticación en su metodología. Pero pronto se hizo obvio que la incertidumbre forma parte intrínseca de la estructura de la realidad: vemos solo aquello que de verdad buscamos.

Por supuesto, todo esto tiene pleno sentido desde una perspectiva biocéntrica: el tiempo es la forma *interior* del sentimiento animal que anima los acontecimientos —los fotogramas *quietos*— del mundo espacial. La mente anima al mundo como el motor y los mecanismos de un proyector; ambos ponen una serie de imágenes quietas —una serie de estados espaciales— en orden, en la «corriente» de la vida. En nuestra mente, el movimiento se crea al pasar juntas las «células de la película». Recuerda que todo lo que percibes —incluida esta página— se reconstruye activa y repetidamente dentro de tu cabeza; es lo que está sucediéndote en este preciso momento. Tus ojos no pueden ver a través de la pared del cráneo; toda experiencia, incluida la experiencia visual, es un remolino de información organizado dentro de tu cerebro. Si tu mente pudiera detener su motor por un instante, obtendrías un fotograma estático, de igual modo que el proyector de la película aislaba la flecha en una posición carente de impulso. De hecho, el tiempo se puede definir como la suma interior de los estados espaciales; y cuando medimos eso mismo con nuestros instrumentos científicos, lo llamamos impulso. El espacio, por su parte, se puede definir como una posición, como algo inmovilizado en un solo fotograma; por lo tanto, hablar de *movimiento a través del espacio* es un absurdo.

El principio de incertidumbre de Heisenberg tiene sus raíces en esto: la posición —la localización en el espacio— pertenece al mundo exterior, y el impulso —que conlleva un componente temporal que suma las «células de la película» en estado de quietud— pertenece al mundo interior. Tras penetrar hasta el fondo de la materia, los científicos han reducido el universo a su lógica más básica, y el tiempo, sencillamente, no es una característica del mundo espacial exterior. «Hoy más que nunca —dice Heisenberg—, la naturaleza misma ha obligado a la ciencia contemporánea a plantearse una vez más la eterna cuestión de si es posible comprender la realidad por medio de procesos mentales, y a responder de una manera ligeramente distinta».

La metáfora de una luz estroboscópica quizá nos sea aquí muy útil. Unos breves destellos de luz intermitentes pueden aislar instantáneas de cosas que se mueven con rapidez —como ocurre con la gente que baila en una discoteca—. Un chapuzón, una fractura, un chasquido se convierten en una imagen quieta. Se detiene todo movimiento. Una *foto instantánea* sigue a otra. En mecánica cuántica, la «posición» es como la instantánea producida por una luz estroboscópica; y el impulso es la *suma* de las sucesivas instantáneas creada por la vida.

Las unidades espaciales se encuentran estancadas, y entre esas unidades o instantáneas no hay *nada*; es la mente la que las reúne y crea un *continuum*. El fotógrafo Eadweard Muybridge, de San Francisco, quizá fuera el primero en imitar inconscientemente este proceso. Justo antes de la llegada del cine, Muybridge captó con éxito el movimiento en película. A finales de la década de 1870, colocó veinticuatro cámaras inmóviles en una pista de carreras. A medida que el caballo galopaba, iba rompiendo una serie de cuerdas que disparaban sucesivamente el obturador de cada cámara; de ese modo, se podía analizar el trote del caballo imagen a imagen como una serie, y la ilusión del movimiento era la suma de aquellas instantáneas inmóviles.

Han tenido que pasar dos mil quinientos años para que la paradoja de la flecha de Zenón finalmente tenga sentido. La escuela eleática de filosofía, que Zenón defendió espléndidamente, estaba en lo cierto. Como lo estaba Werner Heisenberg cuando dijo que «una trayectoria cobra existencia solo cuando uno la observa». Sin vida, no hay ni tiempo ni movimiento. La realidad no está «ahí», con propiedades definidas, esperando a que alguien la descubra, sino que toma forma dependiendo de las acciones del observador.

Quienes dan por hecho que el tiempo es un estado real de la existencia especulan con que los viajes a través del tiempo deberían tener también validez —y algunos han usado indebidamente la teoría cuántica para defenderlo—. Muy pocos teóricos se toman en serio la posibilidad de viajar a través del tiempo ni de que existan otras dimensiones temporales paralelas a las nuestras. Además de las violaciones de la ley física conocida que esto supone, hay un pequeño detalle: si los viajes a través del tiempo han sido *jamás* posibles, de tal manera que la gente tuviera la posibilidad de viajar al pasado... ¿dónde está esa gente? Nunca nos hemos encontrado con casos de personas que, sin explicación alguna, hayan venido del futuro.

Incluso el ritmo aparente del paso del tiempo varía según la percepción y, definitivamente, se modifica de hecho. Apuntamos los telescopios hacia puntos en los que podemos *ver* desarrollarse el tiempo de un modo relativamente más letárgico, y observar también lugares tal como existían hacía miles de millones de años. La composición del tiempo parece igual de extraña, de misteriosa, que la de las salchichas.

Vamos a intentar aclarar una frecuente alteración del paso del tiempo con un sencillo experimento de pensamiento. Imagina que has salido despedido de la Tierra, y vas mirando por la ventana trasera del cohete observando telescópicamente a la gente que, apiñada en la pista de lanzamiento, aplaude el exitoso despegue. Te encuentras a cada momento más lejos, luego las imágenes de ellos tienen que recorrer una distancia cada vez mayor para llegar a tus ojos y, por lo tanto, se demoran y llegan notablemente más tarde que la última «instantánea» de la película. Como resultado, todo parece suceder a cámara lenta; su aplauso semeja ser descorazonadoramente tibio. Nada que se aleje de nosotros a gran velocidad puede no parecer que sucede a cámara lenta. Y puesto que casi todo lo que hay en el universo *está* en proceso de recesión, miramos fijamente los cielos, y lo que vemos es una especie de ensoñada fotografía de lapso de tiempo.[1]

---

1. La fotografía de lapso de tiempo es una técnica cinematográfica en la que cada fotograma de la película se captura a un ritmo mucho más lento de lo que se reproducirá. Cuando se reproducen todos a velocidad normal, el tiempo parece moverse más rápido y por lo tanto caer. Puede ser considerado lo contrario de la fotografía de alta velocidad. (N. de la T.)

Así es exactamente como descubrió la velocidad de la luz un noruego llamado Ole Roemer hace más de dos siglos. Había advertido que las lunas de Júpiter se movían con mayor lentitud durante la mitad del año, y, dándose cuenta de que la Tierra se alejaba entonces de ellas al trazar su órbita alrededor del Sol, pudo calcular la velocidad de la luz con un margen de error del 25% de su valor verdadero. Y, a la inversa, esos mismos satélites parecían acelerarse durante los seis meses restantes, como habitantes de un mundo alienígena que se ocuparan de sus asuntos a paso acelerado, al estilo de Charles Chaplin, a los ojos de los astronautas que se aproximaran.

Superpuesta a estas distorsiones ilusorias, y no obstante ineludibles, está la verdadera ralentización del tiempo a altas velocidades o en campos gravitatorios más fuertes. Esto no es meramente algo a lo que podamos quitar importancia con racionalizaciones simplistas, como hace el esposo infiel cuando llega tarde a casa. Esto alcanza el límite último de lo peculiar.

El efecto de la *dilatación del tiempo* es mínimo hasta que uno se acerca a la velocidad de la luz; entonces se vuelve algo increíble. A un 98% de la velocidad de la luz, el tiempo viaja a la mitad de su velocidad normal. A un 99% viaja a tan solo una séptima parte de esa velocidad.

Y sabemos que esto es verdad; es una realidad, no algo hipotético. Por ejemplo, cuando las moléculas que están en lo alto de la atmósfera resultan aporreadas por los rayos cósmicos, se quiebran y salen disparadas en todas las direcciones —como cuando el jugador rompe la piña de bolas de billar—, vomitando las entrañas, que salen despedidas en dirección a la Tierra casi a la velocidad de la luz; y algunas de estas balas subatómicas penetran en nuestro cuerpo, donde pueden incidir en el material genético e incluso causar enfermedades.

Pero no deberían poder alcanzarnos y hacer tal villanía, pues este material atómico tiene una vida tan corta que, normalmente, los muones perecen, sin causar ningún daño, en una millonésima de segundo —demasiado rápido como para hacer el largo viaje hasta la superficie terrestre—. Consiguen alcanzarnos solo porque su tiempo se ha ralentizado debido a su gran velocidad, y un expandido mundo fantástico de tiempo falso les permite penetrar en nuestros cuerpos. Así pues, los efectos de la relatividad están muy lejos de ser hipotéticos. Estas partículas subatómicas a menudo nos han hecho ofrendas envenenadas de enfermedad y muerte.

Viaja en un cohete espacial a un 99% de la velocidad de la luz y disfrutarás de la consiguiente dilatación del tiempo, ralentizado siete veces. Desde tu perspectiva, nada ha cambiado; has envejecido diez años en una década. Pero al regresar a la Tierra, descubrirás que han pasado setenta años y que ninguno de tus viejos amigos está ya vivo para darte la bienvenida. (Para utilizar la famosa fórmula que permite calcular la ralentización del tiempo a cualquier velocidad que a uno pueda interesarle, véase la transformación de Lorentz, en el Apéndice 1.)

Entonces nos encontraremos cara a cara con la verdad, y no con la teoría: realmente pueden pasar diez años para ti y tu tripulación, mientras *al mismo tiempo* han transcurrido en la Tierra siete décadas. Los argumentos abstractos no tienen en este caso la menor validez. Aquí una vida humana ha concluido mientras allí solo han pasado diez años.

Puedes, si quieres, quejarte de que supuestamente el tiempo no debería tener preferencia por ningún estado —¿cómo puede la naturaleza, en ese caso, determinar quién ha de envejecer más rápido y quién más despacio?—. En un universo exento de posiciones privilegiadas, ¿no podrías asegurar que habías estado parado mientras la Tierra se alejaba y luego volvía? ¿Por qué no habrían de ser los habitantes de la Tierra los que envejecieran más lentamente? La física nos da la respuesta.

Eres el que ha vivido más tiempo, así que la respuesta debes tenerla tú. Y así es: fuiste tú el que sintió las fuerzas de aceleración y deceleración del viaje, así que no puedes negar que el protagonista del periplo fuiste tú, y no la Tierra. Cualquier posible paradoja queda suprimida desde el inicio; el que hizo el viaje sabe también quién debería experimentar la ralentización del tiempo.

Einstein nos enseñó que no solo sufre una mutación el tiempo, ejecutando su singular rito consistente en variar el ritmo de su marcha, sino que la distancia también se contrae —un fenómeno totalmente inesperado—. Alguien que saliera despedido vertiginosamente hacia el centro de la galaxia a un 99,999999999% de la velocidad de la luz experimentaría un efecto de dilatación de 22.360; es decir, mientras su reloj marcaba el paso de un año, para todo el resto de la gente habrían pasado doscientos veintitrés siglos. El viaje de ida y vuelta supondría meramente una inversión de dos años; aunque, al volver a casa, el viajero se encontraría con el lamentable espectáculo de que, mientras tanto, en la Tierra habían pasado quinientos veinte siglos. Sin embargo, desde su perspectiva, el tiempo habría transcurrido normalmente; lo que ocurre es que la distancia hasta el centro de la galaxia sería de tan solo un año luz. Si fuésemos capaces de viajar a la velocidad de la luz, podríamos estar en cualquier lugar del universo al instante. Y esto es lo que, de hecho, experimentaría un fotón de luz si fuera un ser que siente.

Todos estos efectos guardan relación con la relatividad: la comparación de las percepciones y mediciones propias con las de otra persona. Todo ello significa, al menos, que irrefutablemente el tiempo no es una constante, y ningún elemento que varíe al cambiar las circunstancias puede ser fundamental ni formar parte de la realidad básica del cosmos de la manera en que parecen hacerlo la velocidad de la luz, la conciencia o incluso la constante gravitatoria.

La degradación del tiempo, que de considerarse una realidad, de hecho pasa a ser una mera experiencia subjetiva, una ficción, o incluso una convención social, es clave para el biocentrismo. Su irrealidad última, salvo como elemento auxiliar y convención de mutuo acuerdo en la vida cotidiana, es todavía una prueba más que hace poner seriamente en entredicho la predisposición mental a concebir un «universo exterior».

Incluso como convención, como mecanismo biológico, quizá deberíamos dar un paso atrás y preguntarnos qué es esta controvertida entidad que fraccionamos y contemplamos. Einstein empleó el concepto de espacio-tiempo para mostrar cómo los movimientos de los objetos pueden tener sentido sistemáticamente, al margen de cuál sea el marco tomado como referencia, y al margen de la distorsión del espacio y el tiempo inducida por la velocidad o la gravedad. Al hacerlo, descubrió que, si bien la luz tiene una velocidad constante en el vacío, bajo cualquier circunstancia y desde cualquier perspectiva, elementos como la distancia, la longitud y el tiempo no tienen inmutabilidad.

En nuestro empeño por estructurarlo todo, sociológica y científicamente, los seres humanos situamos los acontecimientos en un *continuum* de tiempo y espacio. El universo tiene una edad de 13.700 millones de años; la Tierra, de 4.600 millones. En nuestro planeta, el *Homo erectus* apareció hace unos pocos millones de años, pero se tardaron cientos de miles en inventar la agricultura. Hace cuatrocientos años, Galileo apoyó la aseveración de Copérnico de que la Tierra gira alrededor del Sol. Darwin desveló la verdad de la evolución a mediados de la década de 1800 en las islas Galápagos. Einstein desarrolló su teoría de la relatividad especial en una oficina de patentes suiza en 1905. De modo que el tiempo, en el universo mecanicista que describieron Newton, Einstein y Darwin, es un libro maestro en el que se anotan los sucesos. Imaginamos el tiempo como un *continuum* que avanza, que fluye siempre hacia el futuro, acumulando, porque los seres humanos y otros animales somos inherentemente materialistas, y estamos diseñados de forma innata para pensar de modo lineal. Pensamos a diario en las citas a las que tenemos que acudir y en regar las plantas. El sofá en el que mi amiga Barbara se sentaba con su marido, Gene, cuando este aún vivía —donde solían leer, ver la televisión, o abrazarse efusivamente cuando eran jóvenes— se halla en medio del salón entre un sinfín de baratijas coleccionadas a lo largo de los años.

Pero en lugar de imaginar que el tiempo es una realidad absoluta, imagina ahora que la existencia es como una grabación de sonido. Escuchar un viejo fonógrafo no altera el disco en sí, y, dependiendo de dónde coloques la aguja, oirás cierta pieza musical. Esto es a lo que llamamos el presente. La música que hay antes y después de la canción que ahora suena es a lo que denominamos el pasado y el futuro. Imagina, de forma semejante, que todos los momentos y días perduraran en la naturaleza para siempre. El disco no desaparece; todos los ahoras (todas las canciones del disco de vinilo) existen simultáneamente, a pesar de que solo podemos experimentar el mundo (o el sonido del disco) de secuencia en secuencia (o de canción en canción). No experimentamos un tiempo en el que suena con frecuencia *Stardust* porque experimentamos el tiempo de modo lineal.

Si Barbara tuviera acceso a toda la vida —al disco de vinilo entero—, podría experimentarla de forma no secuencial —además de conocerme como el hombre de cincuenta años que soy en 2006, podría conocerme siendo un bebé, un adolescente y un anciano— todo en este momento.

Al final, incluso Einstein admitió: «Ahora Besso (uno de sus amigos más antiguos) se ha ido de este extraño mundo un poco antes que yo. Eso no significa nada. La gente como nosotros [...] sabe que la diferenciación entre pasado, presente y futuro es solo una terca y persistente ilusión».

Que el tiempo es una flecha invariable es una simple conjetura humana. Que vivimos en el límite del tiempo total es una fantasía. Que hay un irreversible y progresivo *continuum* de acontecimientos ligado a las galaxias, los soles y la Tierra es una fantasía aún mayor. El espacio y el tiempo son formas del entendimiento humano. Punto. Los llevamos a cuestas allá adonde vamos como las tortugas llevan sus caparazones. La realidad es que no existe fuera una matriz absoluta y autosuficiente en la que los acontecimientos ocurren con independencia de la vida.

Pero retrocedamos un momento a una cuestión más fundamental. Barbara quiere saber algo acerca del reloj: «Tenemos máquinas muy sofisticadas, como los relojes atómicos, para medir el tiempo. Si podemos medir el tiempo, ¿no es eso prueba de que existe?».

Es interesante la pregunta de Barbara. Después de todo, medimos la gasolina calculando lo que ocupa en litros o en galones, y entregamos una cantidad de dinero basándonos en esos cálculos. ¿Podríamos contabilizar tan meticulosamente algo que fuera irreal?

Einstein quitó importancia a esta cuestión, diciendo simplemente: «El tiempo es lo que nosotros medimos con un reloj. El espacio es lo que medimos con una vara de medir». Los físicos ponen el acento en el *medimos*. Sin embargo, igualmente podría incidirse en el *nosotros*, el observador, como lo hace de lleno este libro.

Pero si el asunto del reloj nos deja pensativos, consideremos si la capacidad de medir el tiempo apoya en modo alguno su existencia física.

Los relojes son instrumentos rítmicos, lo que quiere decir que contienen procesos repetitivos. Los seres humanos utilizan el ritmo de algunos acontecimientos, como el tic-tac que hace el reloj, para cronometrar otros acontecimientos, como la rotación de la Tierra. Sin embargo, eso no es *tiempo*, sino, más bien, una comparación de acontecimientos. A lo largo de los siglos, los seres humanos hemos observado los ritmos de la naturaleza —las periodicidades de la Luna o el Sol, o las crecidas del Nilo, por nombrar solo un par de ellos—, y luego hemos creado otros instrumentos rítmicos para ver cómo se interrelacionaban con los primeros, con el único propósito de hacer una comparación. Lo más regular y repetitivo era el movimiento, lo que mejor servía a nuestros propósitos de medición. Se advirtió que un peso colocado en el extremo de una cuerda de alrededor de un metro de largo siempre tardará exactamente un segundo en hacer una oscilación de ida y vuelta (esta longitud se usó de hecho como primera definición de lo que era un metro, cuyo nombre mismo significa *medida*). Más tarde se observó la tendencia, muy útil, que tenían los cristales de cuarzo a vibrar 32.768 veces por segundo cuando se los estimulaba con un pequeño bit de electricidad —que sigue siendo el fundamento de la mayoría de los relojes de pulsera actuales—. Y a todos estos aparatos rítmicos fabricados por el hombre los llamamos *relojes* porque sus repeticiones eran sistemáticamente uniformes, aunque las repeticiones puedan ser también lentas, como las que encontramos en los relojes de sol, que comparan las longitudes y posiciones de la sombra causada por el Sol con el giro de la Tierra. En la dirección contraria, más sofisticados que los relojes mecánicos comunes, con sus diales y ruedas que, desgraciadamente, cambian de tamaño con la temperatura, están los relojes atómicos, en los que el núcleo de cesio se mantiene en un estado de espín específico solo cuando se halla inmerso en radiación electromagnética con una frecuencia de resonancia de exactamente 9.192.631.770 ciclos por segundo. Así pues, un segundo se puede definir (y se define oficialmente) como la suma de ese número de «pulsaciones» en el átomo de cesio 133. En todos los casos, los seres humanos utilizan los ritmos de acontecimientos específicos para hacer un recuento de otros acontecimientos específicos. Pero se trata solo de *acontecimientos*, que no debemos confundir con el *tiempo*.

De hecho, todos los hechos de la naturaleza que se producen con garantizada periodicidad pueden emplearse (y a veces se emplean) para llevar la cuenta del tiempo. Las mareas, la rotación del Sol y las fases de la Luna son simplemente algunos de los sucesos periódicos más significativos de la naturaleza. Pero incluso acontecimientos comunes y corrientes podrían emplearse para medir el tiempo, aunque no con la precisión de un reloj. El crecimiento de un niño, lo que tarda el hielo en derretirse, o en pudrirse una manzana caída en la tierra; casi cualquier cosa funcionaría.

Y también se podrían usar utensilios fabricados por el ser humano. La tapa de un tarro, por ejemplo, gira durante un rato y luego se detiene. Podríamos comparar eso con lo que tarda en derretirse un cubito de hielo de tamaño estándar, tal vez veinticuatro giros de la tapa por una fusión del hielo. Sería posible concluir entonces que por cada «día» de fusión de hielo hay veinticuatro «horas» de giro de la tapa, y a continuación idear un plan que nos permita quedar para tomar el té con Barbara a las dos y media fusiones del hielo, o sesenta giros de tapa, dependiendo del «indicador de tiempo» que cada uno tengamos más a mano. Muy pronto, se vuelve obvio que nada sucede realmente al margen de los acontecimientos cambiantes.

La gente acepta que el tiempo existe como entidad física porque hemos inventado esos objetos llamados relojes, que simplemente son más rítmicos y sistemáticos que el florecer de un capullo o el pudrirse de una manzana. En realidad, lo que sucede, simple y llanamente, es el movimiento —y ese movimiento está en última instancia confinado al aquí y el ahora—. Por supuesto, también retenemos el tiempo porque un acontecimiento universalmente aceptado (cuando todos nuestros respectivos instrumentos de medición dicen 20:00, por ejemplo) sirve para alertarnos de *otro* acontecimiento, como el comienzo de nuestra serie de televisión favorita.

Sentimos que vivimos en el extremo del tiempo. Psicológicamente, es un sitio cómodo, de verdad, porque significa que todavía estamos entre los vivos. En el límite del tiempo, mañana aún no ha sucedido, no ha tomado forma nuestro futuro, la mayoría de nuestros descendientes no han nacido todavía. Todo lo que está por llegar es un gran misterio, un inmenso vacío. La vida se extiende hacia delante ilimitada, y nosotros, sin parapeto, vamos mirando al frente amarrados a la máquina del tren del tiempo, que avanza implacable adentrándose en un futuro desconocido. Todo lo que queda atrás es, por así decirlo, el vagón restaurante, el de primera clase, el furgón de cola, y kilómetros de vía que no podemos desandar. Todo lo que sucedió antes de este momento forma parte de la historia del universo. La gran mayoría de nuestros antecesores, sobre los que no tenemos la más vaga idea, están muertos. Todo lo anterior a este momento es el pasado, que se ha ido para siempre. Pero este sentimiento subjetivo de vivir en el borde delantero del tiempo es una persistente ilusión, un truco de nuestros intentos de crear para la naturaleza un patrón organizativo inteligible en el que un día del calendario sigue a otro, la primavera precede al verano, y los años pasan. En un universo biocéntrico, en cambio, el tiempo no es secuencial, por mucho que nuestras percepciones habituales nos digan que lo es.

Si el tiempo avanza realmente adentrándose en el futuro, ¿no es extraordinario que estemos aquí, vivos, durante un brevísimo instante, al borde de todo el tiempo? Imagina todos los días y horas que han pasado desde el principio del tiempo. Ahora apila el tiempo, como si fueran sillas y las colocaras una sobre otra, y siéntate encima de todas ellas, o —si prefieres la velocidad— amárrate una vez más a la cabecera del tren del tiempo.

La ciencia no tiene una auténtica explicación de por qué estamos vivos ahora, existiendo al borde del tiempo. Atendiendo a la concepción del mundo que defiende la corriente fisiocéntrica, que estemos vivos es un mero accidente, una posibilidad entre miles de millones.

La insistente percepción humana del tiempo nace, casi con toda certeza, del acto crónico de pensar, del proceso de pensamiento constituido por una palabra colocada después de otra, y que utilizamos como patrón para visualizar y anticipar ideas y acontecimientos. En los raros momentos de claridad y vacío mental, o cuando el peligro o una experiencia nueva nos obligan a centrar en ellos toda nuestra atención, el tiempo se desvanece, y lo reemplaza un dichoso, inefable sentimiento de libertad, o la concentración sin igual ligada a escapar de un peligro inmediato. Normalmente, no se tiene sensación del tiempo en ese tipo de experiencias en las que no interviene el pensamiento: «Vi cómo el accidente se desarrollaba a cámara lenta».

En suma, desde una perspectiva biocéntrica, el tiempo no existe en el universo como entidad independiente de la vida que es consciente de él, y en realidad no existe tampoco dentro del contexto de la vida. Pero volvamos por un momento al comentario de Barbara: ver crecer a los hijos, envejecer o sentir dolorosamente que el tiempo existe cuando mueren nuestros seres queridos constituyen las percepciones humanas del paso y la existencia del tiempo. Nuestros bebés se hacen adultos. Envejecemos. Ellos también envejecen. *Para nosotros, eso* es tiempo. Nos pertenece.

Y esto nos lleva al sexto principio:

Primer principio del biocentrismo: Lo que percibimos como realidad es un proceso que exige la participación de la conciencia.

Segundo principio del biocentrismo: Nuestras percepciones exteriores e interiores están inextricablemente entrelazadas; son las dos caras de una misma moneda que no se pueden separar.

Tercer principio del biocentrismo: El comportamiento de las partículas subatómicas —en definitiva, todas las partículas y objetos— está inextricablemente ligado a la presencia de un observador. Sin la presencia de un observador consciente, existen, como mucho, en un estado indeterminado de ondas de probabilidad.

Cuarto principio del biocentrismo: Sin conciencia, la «materia» reside en un estado de probabilidad indeterminado. Cualquier universo que pudiera haber precedido a la conciencia habría existido solo en un estado de probabilidad.

Quinto principio del biocentrismo: Solo el biocentrismo puede explicar la estructura del universo. El universo está perfectamente ajustado para que en él haya vida, lo cual tiene verdadero sentido, ya que la vida crea al universo, y no al contrario. El universo es sencillamente la lógica espaciotemporal completa del ser.

Sexto principio del biocentrismo:

EL TIEMPO NO TIENE EXISTENCIA REAL FUERA DE LA PERCEPCIÓN SENSORIAL ANIMAL. EL TIEMPO ES EL PROCESO MEDIANTE EL CUAL PERCIBIMOS LOS CAMBIOS DEL UNIVERSO.

PERDIDOS EN EL ESPACIO

11

¡Oídme, Dioses! Aniquilad el espacio y el tiempo,
y haced felices a dos amantes.

ALEXANDER POPE (1728)

¿Cómo captan el mundo nuestras mentes animales?

Se nos ha enseñado que el tiempo y el espacio existen, y todo lo que a diario ocurre en nuestras vidas ratifica su realidad aparente —cada vez que vamos de un lugar a otro, cada vez que intentamos alcanzar algo—. La mayoría de la gente vive sin hacer abstracciones sobre el espacio, pues éste, lo mismo que el tiempo, forma parte integral de nuestras vidas hasta tal punto que examinarlo resulta igual de antinatural que analizar el caminar o el respirar.

«Es obvio que el espacio existe —podríamos responder— puesto que vivimos en él; nos desplazamos a través de él, conducimos por él, y en él edificamos. Las millas, los kilómetros, los centímetros cúbicos y los metros lineales son, todos ellos, unidades que usamos para medirlo». Los seres humanos concertamos reuniones en lugares como la esquina de Broadway con la Ochenta y dos, el segundo piso de Barnes & Noble, en el café; hablamos en términos muy claros sobre las dimensiones espaciales, a menudo asociadas con referencias de tiempo. Es el «cuándo, qué y dónde» de la vida cotidiana.

Una teoría del tiempo y el espacio que perteneciera estrictamente a la percepción sensorial animal, como nuestra fuente de comprensión y conciencia, es algo nuevo y quizá demasiado abstracto para poder aprehenderlo; además, la experiencia del día a día no nos ha indicado nada de esa realidad. Más bien, aparentemente la vida nos ha enseñado que el tiempo y el espacio son realidades externas —y posiblemente eternas—. Parecen acompañar y dar cohesión a todas las experiencias, y son fundamentales, y no secundarias, para la vida. Parecen residir por encima y más allá de la experiencia humana, y constituir el enrejado dentro del cual se desarrollan todas nuestras aventuras.

Como animales, estamos organizados y programados para hacer uso de los lugares y el tiempo cuando queremos especificar nuestras experiencias, ya sea para satisfacer nuestro interés o el de los demás. La historia describe el pasado enmarcando acontecimientos y personas en el tiempo y en el espacio. Teorías científicas tales como la de la evolución, el tiempo profundo de la geología o el *Big Bang* están íntimamente ligadas a su lógica. Y nuestras experiencias físicas —de desplazarnos del punto A al punto B, de aparcar en doble fila, de estar de pie al borde del precipicio— confirman la existencia del espacio.

Cuando alargamos el brazo para tomar un vaso de agua de la mesa, demostramos tener un sentido del espacio normalmente impecable; es raro que el agua se derrame porque no hemos calculado bien la distancia. Situarnos a nosotros mismos como *creadores* del tiempo y el espacio, no como sus sujetos, va en contra del sentido común, de la experiencia de la vida y de la educación que hemos recibido. Para cualquiera de nosotros, *intuir* que el espacio y el tiempo pertenecen solamente a la percepción sensorial animal, supone un cambio radical de perspectiva ya que las implicaciones de esto son demasiado impactantes.

No obstante, todos sabemos instintivamente que el espacio y el tiempo no son *cosas* —no son el tipo de objetos que podemos ver, sentir, degustar, tocar u oler—; los caracteriza una peculiar intangibilidad. No podemos levantarlos y colocarlos en una balda, como si fueran conchas o piedras que hemos encontrado en la playa; un físico no puede llevarse el espacio y el tiempo al laboratorio en un frasco, como el entomólogo que atrapa insectos para examinarlos y clasificarlos. Hay algo muy diferente con respecto a ellos, y se debe a que el espacio y el tiempo no son ni físicos ni fundamentalmente reales; son conceptuales, lo cual significa que tienen una naturaleza singularmente subjetiva. *Son modos de interpretación y de comprensión*. Forman parte de la lógica mental del organismo animal, el *software* que moldea las sensaciones, convirtiéndolas en objetos multidimensionales.

Junto con el tiempo, el espacio es el otro constructo humano; es como si todo objeto concebible estuviera expuesto en un inmenso contenedor sin paredes. Desgraciadamente, la verdadera *percepción* tangible de que no hay espacio suele estar limitada a los experimentos que producen «cambios de conciencia», en los que el sujeto cuenta que todos los objetos individualizados pierden esa aparente realidad de elementos individuales y separados.

Por el momento, aun apelando solo a la lógica, deberíamos ser capaces de entender que la apariencia de que existen una infinidad de objetos separados dentro de una matriz espacial requiere que, antes, los conozcamos e identifiquemos como elementos separados, y que ese patrón quede impreso en nuestra mente.

Cuando miramos fijamente una serie de objetos conocidos, como por ejemplo una vajilla y una cubertería de plata colocadas sobre una mesa, reconocemos cada plato y cada cubierto como un objeto individual, separado de los demás por un espacio vacío —hacerlo es un hábito mental muy arraigado—. Esto no produce ningún tipo de dicha o experiencia trascendental, pues los tenedores y las cucharas no tienen nada de maravilloso; son artículos que la mente pensante aísla basándose en el color, la forma o la utilidad. Los dientes del tenedor son elementos específicamente separados solo porque tienen nombre; por el contrario, la parte curvada del tenedor, entre el mango y los dientes, no lo tiene, y por lo tanto no existe para nosotros como entidad real separada.

Consideremos esas raras ocasiones en que la mente lógica se queda atrás, por así decirlo, debido a una experiencia visual enteramente nueva que la sorprende, tal como los patrones escandalosamente cambiantes de la aurora boreal vista desde uno de los lugares en que se muestra con máximo esplendor, Alaska central. Todo el mundo mira con asombro y hace exclamaciones de deleite. Esos patrones no tienen nombres individuales, y, de todos modos, van cambiando. Ninguno de ellos se percibe como una entidad separada, dado que existen fuera de nuestro encasillador sistema de categorización. Al contemplar el fenómeno, el espacio también se desvanece, ya que un objeto y su entorno van juntos. El espectáculo caleidoscópico es en su totalidad una entidad nueva y maravillosa en la que el espacio no desempeña ningún papel que lo defina. Así pues, esta clase de percepción total no es desconocida en el mundo ajeno a las drogas psicodélicas; simplemente se requiere una percepción más directa, en lugar de dejar que la cognición emplee sus concepciones habituales, que son sin ninguna duda aprendidas.

Debido a que el lenguaje y la ideación humanos delimitan los objetos, decidiendo dónde termina uno y dónde empieza otro, ocasionalmente tomaremos fenómenos visuales o acontecimientos complejos, formados por múltiples colores y patrones —una puesta de sol, por ejemplo—, y al ser incapaces de dividirlos en partes, le daremos un solo nombre a todo un campo de visión. Un gorrión o una persona iluminada tal vez se queden extasiados ante la inefable grandiosidad del cambiante juego crepuscular de formas y colores, mientras que el intelectual simplemente lo nombrará con una palabra... y luego, quizá, a esto le seguirá un torrente de verborrea mental sobre otras puestas de sol o sobre lo que los poetas han escrito acerca de ellas.

Otro ejemplo podrían ser los incansables cambios de forma de una nube de verano, o la infinidad de pequeños torrentes y serpenteantes hileras que las gotas forman en una catarata atronadora. Hay mucho espacio en ella, pero no se nos ha enseñado a observar una catarata de cerca y separar sus diversos componentes acuosos; a nombrar o identificar los distintos arroyuelos, gotas u otros elementos y concebir el espacio existente entre ellos, a pesar de sus cambios constantes. Demasiado trabajo. Así que, en lugar de eso, un fenómeno entero recibe un solo nombre, *nube*, o *catarata*, y la categorización mental que habitualmente separa los objetos atendiendo al espacio que hay entre ellos se toma un descanso. Como resultado, solemos tener una visión clara de esos fenómenos, limpia; nos quedamos mirando absortos, y no ponemos en marcha el flujo de reconocimiento de símbolos mentales. La experiencia de estar frente a las cataratas del Niágara, que probablemente podría disfrutarse de todas maneras, resulta doblemente exultante porque nuestras habituales jaulas mentales están temporalmente fabricadas de material menos denso. Y para ayudar a que esto sea así, está en este caso el atronador e indiferenciado bramido de fondo, que no da pie tampoco a mucha ideación.

Perdidos en el espacio

«Al nombrar los colores, ciegas el ojo», reza un antiguo dicho zen, refiriéndose a cómo el modo habitual de catalogar y nombrar que emplea el intelecto supone una terrible pérdida de experiencia, al quedar desplazada la vibrante realidad viva por causa de la uniforme avalancha de nombres superpuestos. Lo mismo sucede con el espacio, que no es más que la forma conceptual que tiene la mente de aclararse la garganta, de hacer una pausa entre dos símbolos que ha identificado.

De todas formas, la verdad subjetiva de esto se encuentra actualmente respaldada por experimentos (como vimos en los capítulos sobre la teoría cuántica) que sugieren muy convincentemente que la distancia (el espacio) no es en absoluto una realidad para las partículas entrelazadas, por muy grande que parezca ser la separación entre ellas.

¿Los eternos océanos del espacio y el tiempo?

La relatividad de Einstein ha puesto de manifiesto, también, que el espacio no es una constante, no es absoluto, y por lo tanto no es inherentemente sustancial. Con esto, queremos decir que un viaje a una velocidad extremadamente alta hace que el espacio en cuestión se encoja esencialmente hasta ser nada. De ahí que, cuando salimos a ver las estrellas, quizá nos quedemos maravillados de lo lejos que están y de lo inmensos que son los espacios en el universo, pero se ha demostrado repetidamente, desde hace ya todo un siglo, que esa aparente separación que existe entre nosotros y cualquier otra cosa está sujeta al punto de vista, y no tiene por tanto ninguna realidad fundamental *inherente*. Esto, por sí solo, no invalida totalmente la existencia del espacio, pero lo hace meramente provisional.

Si viviéramos en un mundo en el que hubiera un campo gravitatorio muy fuerte, o viajáramos con rumbo exterior a gran velocidad, esas estrellas estarían a una distancia de nosotros enteramente distinta. Utilizando cifras reales, si pusiéramos rumbo a la estrella Sirio al 99% de la velocidad de la luz, que es de 299.792,458 kilómetros por segundo, descubriríamos que estaba a poco más de un año luz de distancia, y no a los 8,6 años luz que nuestros amigos de la Tierra consideraban que se hallaba según sus mediciones. Si cruzáramos una sala de estar de 6,5 metros de largo a esa velocidad, tanto el instrumental como la percepción reflejarían que tenía de hecho menos de un metro de longitud. Aquí está lo asombroso: la sala de estar y el espacio que media entre la Tierra y Sirio no se encogen artificialmente debido a algún tipo de ilusión: la estrella *está* a esa distancia; la sala *tiene* solo 90 centímetros de largo. Y si pudiéramos desplazarnos al 99,9999999% de la velocidad de la luz, que es algo totalmente factible de acuerdo con las leyes de la física, la sala sería ahora 1/22,361 de su tamaño original, o tendría únicamente 0,254 milímetros de largo —es decir, aproximadamente el tamaño del grosor de la raya que hay al final de esta frase—. Todos los objetos, los muebles o la gente de la habitación parecerían liliputienses, y sin embargo no tendríamos ninguna sensación de extrañeza. El espacio habría cambiado hasta ser apenas nada. ¿Dónde se encuentra entonces esa cuadrícula supuestamente digna de confianza en la que situamos nuestras «cosas»?

En realidad, los primeros indicios de que el espacio podía ser más curioso y dudoso de lo que nadie había imaginado aparecieron en el siglo XIX, cuando los físicos daban por hecho, como todavía lo hacen la mayoría de ellos, que el espacio y el tiempo tienen una existencia exterior autónoma, independiente de la conciencia.

Esto nos lleva al hombre al que más se ha asociado con la contemplación del espacio. Como veremos, el genio de Einstein tiene una dimensión que va más allá de sus teorías de la relatividad de 1905 y 1915, ya que, al principio de su carrera profesional, el momento tan oportuno en el que la historia lo situó coincidió con la época en que los cimientos de la filosofía natural de Occidente estaban al borde de la crisis y la confusión. La teoría cuántica se encontraba aún a años de distancia en el futuro, y había una sorprendente falta de comprensión de la interacción que tenía lugar entre el observador y el fenómeno observado.

A la generación a la que pertenecía Einstein se le había enseñado que existía un mundo físico objetivo que se desarrollaba atendiendo a leyes que eran independientes de la vida. «La creencia en un mundo externo independiente del sujeto que la percibe —escribiría Einstein más adelante— es la base de toda ciencia natural.» El universo se concebía como una gran máquina, puesta en marcha al principio de los tiempos, con ruedas y engranajes que giraban de acuerdo con leyes inmutables, independientes de nosotros. «Todo está determinado, tanto el principio como el fin, por fuerzas sobre las que no tenemos ningún control. Está determinado tanto para el insecto como para la estrella. Lo mismo los seres humanos que las hortalizas o el polvo cósmico danzamos al son de una melodía misteriosa, interpretada en la distancia por un flautista invisible.»

Por supuesto, como la ciencia ha descubierto posteriormente, esta noción no está en consonancia con los hallazgos experimentales de la teoría cuántica. La realidad —según la más estricta interpretación de los datos científicos— se crea, o al menos está en correlación, con el observador. Es desde esta perspectiva como ha de reinterpretarse la filosofía natural, una vez que la ciencia dé un nuevo énfasis a aquellas propiedades de la vida que la hacen fundamental para la realidad material. No obstante, incluso en el siglo XVIII, Immanuel Kant, adelantándose a su tiempo, dijo que «debemos librarnos de la idea de que el espacio y el tiempo son cualidades reales que tienen las cosas en sí [...] Todos los cuerpos, junto con el espacio en el que están, no deben considerarse más que meras representaciones personales, y no existen más que en nuestros pensamientos».

El biocentrismo demuestra, por supuesto, que el espacio es una proyección que tiene su origen en el interior de nuestras mentes, donde comienza la experiencia. Es una herramienta de la vida, la forma del sentimiento más externo que le permite a un organismo coordinar la información sensorial y hacer juicios sobre la calidad e intensidad de lo que percibe. El espacio no es un fenómeno físico per se, y no debería estudiarse de la misma manera que las sustancias químicas o las partículas en movimiento. Nosotros, los organismos naturales, utilizamos esta forma de percepción para organizar nuestras sensaciones y concretarlas en la experiencia exterior. En términos biológicos, la interpretación de los datos sensoriales que llegan al cerebro depende de la trayectoria neuronal que sigan desde el cuerpo. Por ejemplo, toda la información que llega al nervio óptico se interpreta como luz, mientras que determinar la posición exacta de una sensación dentro del cuerpo depende de la vía concreta que tome para llegar al sistema nervioso central.

«El espacio —dijo Einstein, negándose a permitir que el pensamiento metafísico interfiriera con sus ecuaciones— es lo que nosotros medimos con una vara de medir.» Pero, como ya comentamos, esta definición debería poner el acento en el «nosotros», pues ¿qué es el espacio, de no ser por el observador? El espacio no es meramente un contenedor sin paredes. Es pertinente preguntar qué quedaría si se eliminaran la vida y todos los objetos. ¿Dónde estaría el espacio entonces? ¿Qué definiría sus límites? Es inconcebible que nada exista en el mundo físico sin ninguna sustancia ni fin. Es una vacuidad metafísica que la ciencia atribuya una realidad independiente al espacio verdaderamente vacío.

Sin embargo, otro modo de apreciar la vacuidad del espacio es el hallazgo moderno de que el vacío aparente se filtra con energía casi inimaginable, manifestándose esta en forma de partículas virtuales de materia física, que de un salto entran y salen de la realidad como pulgas amaestradas. La matriz aparentemente vacía en la que se basa el libro de cuentos de la realidad es de hecho un «campo» vivo, animado, una potente entidad que está cualquier cosa menos vacía. A veces se la llama energía de punto cero, y esta energía empieza a manifestarse cuando las penetrantes energías cinéticas que nos rodean se han aquietado hasta detenerse a una temperatura de cero absoluto, a -459,67° F. La energía de punto cero o de vacío se ha confirmado experimentalmente desde 1949 por medio del efecto Casimir, que hace que placas de metal muy próximas queden fuertemente presionadas una contra otra debido a las ondas de la energía de vacío que hay en el exterior. (El espacio mínimo entre las placas sofoca las ondas de energía, al no dejarles suficiente «espacio para respirar» y poder así oponer resistencia al empuje de la fuerza.)

De modo que tenemos múltiples ilusiones y procesos que rutinariamente nos dan una visión falsa del espacio. ¿Queréis que contemos los engaños? (1) El espacio vacío no está vacío. (2) Las distancias entre los objetos pueden mutar, y de hecho mutan, dependiendo de una multitud de condiciones, de tal modo que no existe en ninguna parte una distancia fundamental entre dos cosas cualesquiera. (3) La teoría cuántica hace dudar seriamente de que incluso dos objetos individuales distantes el uno del otro estén verdaderamente separados. (4) «Vemos» separaciones entre los objetos solo porque, mediante el lenguaje y las convenciones, se nos ha condicionado y acostumbrado a trazar límites.

Desde los tiempos más remotos, los filósofos han estado intrigados por el objeto y el trasfondo —como esas ilustraciones que crean una ilusión óptica, y uno puede ver en ellas bien una elegante copa de vino, o bien dos rostros perfilados en frente uno del otro—. Y lo mismo sucede con el espacio, los objetos y el observador.

Claro está que las ilusiones del tiempo y el espacio son sin duda inofensivas. El problema surge solo porque, al tratar el espacio como algo físico, con existencia en sí mismo, la ciencia ofrece un punto de partida totalmente equivocado para llevar a cabo cualquier investigación sobre la naturaleza de la realidad, o por la actual obsesión por crear una gran teoría unificada que explique de verdad el cosmos.

Las primeras sondas espaciales: los pioneros del siglo XIX

Hume escribió: «Parece que los seres humanos se dejan llevar por un instinto o predisposición natural que les hace depositar su fe en los sentidos, y, sin razonamiento alguno, e incluso antes de utilizar la razón, suponemos siempre que existe un universo exterior que no depende de nuestra percepción, sino que existiría aunque nosotros y todas las demás criaturas estuviéramos ausentes o fuéramos aniquilados.»

Las cualidades físicas que los físicos habían atribuido al espacio no pudieron encontrarse en la práctica, obviamente, pero eso no les hizo desistir de seguir intentando hallarlas. El más famoso de estos intentos fue el experimento Michelson-Morley, diseñado en 1887 para resolver cualquier duda sobre la existencia del «éter». Cuando Einstein era muy joven, los científicos pensaban que el éter impregnaba y definía el espacio. Los griegos clásicos detestaban la idea de la nada: siendo lógicos excelentes y obsesivos, eran plenamente conscientes de la contradicción implícita en la idea de *ser* nada. *Ser*, el verbo *ser*, contradice patentemente la nada, y colocar lo uno al lado de lo otro era como decir que uno iba a «andar no andar». Incluso antes del siglo XIX, también los científicos creían que algo tenía que existir entre los planetas, pues de otro modo la luz no tendría sustancia alguna a través de la cual viajar. A pesar de que los intentos anteriores de demostrar la presencia de este supuesto éter no habían tenido éxito, Albert Michelson argumentó que, si la Tierra fluía a través del éter, un rayo de luz que viajara a través de este medio en la misma dirección debería devolver un reflejo a mayor rapidez que un rayo de luz similar que formara ángulo recto con la dirección de desplazamiento del planeta.

Con la ayuda de Edward Morley, Michelson llevó a cabo el experimento, con el instrumental instalado en una firme plataforma de hormigón que flotaba sobre una amplia balsa de mercurio líquido, con lo que se conseguía que aquel instrumento de múltiples espejos girara fácilmente sin introducir una inclinación indeseada. Los resultados fueron incuestionables: la luz que viajaba adelante y atrás *a través* del «viento de éter» completó el viaje en el mismo tiempo exactamente

131

que la luz que recorría la misma distancia en sentido perpendicular al primer rayo de luz, es decir, hacia arriba y hacia abajo en ese «viento de éter». Parecía que la Tierra se hubiera atascado en un punto de su órbita alrededor del Sol, como para preservar la filosofía natural griega de Ptolomeo. Pero era impensable renunciar a toda la teoría de Copérnico. Aceptar que la Tierra arrastrara de alguna manera al éter consigo tampoco tenía sentido alguno y era algo que había quedado ya descartado tras una serie de experimentos.

Por supuesto, no había éter; el espacio no tiene propiedades físicas. «El conocimiento —afirmó en una ocasión Henry David Thoreau— no nos llega a través de los detalles, sino en destellos de luz venidos del cielo». Pasaron varios años antes de que George Fitzgerald —no gracias al cielo, sino al éxtasis de la lógica debidamente aplicada— indicara que había otra explicación de los resultados negativos del experimento Michelson-Morley. Sugirió que la materia se contrae a lo largo del eje de su movimiento, y que la magnitud de la contracción aumenta con el ritmo del movimiento. Por ejemplo, un objeto que se desplace hacia delante será ligeramente más corto que cuando está en reposo. El instrumental de Michelson —y, en definitiva, todos los instrumentos de medición, incluidos los órganos sensoriales humanos— se ajustarían de la misma manera, contrayéndose al ser girados en la dirección del movimiento de la Tierra.

Al principio, esta hipótesis carecía de cualquier explicación creíble —lo cual siempre es un problema para la ciencia, aunque no en la política— hasta que el gran físico danés Hendrik Lorentz apeló al electromagnetismo. Lorentz había sido uno de los primeros en postular la existencia del electrón, lo cual condujo a su descubrimiento en 1897 —se trata de la primera partícula subatómica descubierta y, todavía hoy, una de las tres que se estiman fundamentales o indivisibles—. Muchos físicos teóricos, incluido Einstein, consideraban a Lorentz el más genial de entre ellos. Tenía la creencia de que el fenómeno de la contracción era un efecto dinámico, y de que las fuerzas moleculares de un objeto en movimiento diferían de las de un objeto en reposo. Su argumento era que, si un objeto con sus cargas eléctricas se movía a través del espacio, sus partículas adoptarían nuevas distancias relativas entre sí, cuyo resultado sería un cambio en la forma del objeto, que se contraería en la dirección de su movimiento.

El físico danés desarrolló una serie de ecuaciones, que más adelante se conocerían como la transformación de Lorentz, o la contracción de Lorentz (véase el Apéndice 1), para describir los acontecimientos que tienen lugar en un marco de referencia en relación con otro distinto. Esta ecuación de la transformación era tan sencilla y genial que Einstein la utilizaría en su totalidad para su teoría de la relatividad especial de 1905. Puede decirse que realmente encarnaba la esencia matemática de la teoría de Einstein, no solo en cuanto a que era capaz de cuantificar admirablemente la hipótesis de la contracción, sino que presentaba además, antes de la invención de la teoría de la relatividad, la ecuación exacta para el incremento de masa de una partícula en movimiento.

A diferencia de lo que sucede con cambios de longitud, es posible determinar el cambio de masa de un electrón por la desviación que provoca en él un campo magnético. Para el año 1900, Walter Kauffman había verificado que la masa de un electrón aumentaba exactamente como habían predicho las ecuaciones de Lorentz. De hecho, los experimentos realizados desde entonces demuestran que dichas ecuaciones son poco menos que perfectas.

Aunque Poincaré había descubierto el principio de la relatividad y Lorentz la fórmula para el cambio, era el momento oportuno para que Einstein recogiera la cosecha. Fue en su teoría de la relatividad especial donde se expuso plenamente y con claridad todo lo que implicaban las leyes de la transformación del espacio-tiempo: los relojes se ralentizan realmente cuando se mueven, y de manera espectacular cuando lo hacen a velocidades próximas a la velocidad de la luz. A 943 millones de kilómetros por hora, por ejemplo, el ritmo de un reloj sería la mitad de rápido que cuando está en reposo; y a la velocidad de la luz —a 1.078 millones de kilómetros por hora—, un reloj se detendría por completo. Las consecuencias que esto tiene en la realidad cotidiana pueden parecer imposibles de percibir, pues nadie es lo bastante sensible como para detectar los cambios extremadamente sutiles que tienen lugar en los relojes y en las varas de medir de la vida ordinaria. Incluso en un cohete que atravesara el espacio a 95 millones de kilómetros por hora, un reloj solo se deceleraría en un 0,5%.

Las ecuaciones que aparecen en la teoría de la relatividad de Einstein, desarrolladas a partir de las ecuaciones de Lorentz, predecían todos los admirables efectos del movimiento a altas velocidades;

describían un mundo que pocos podían imaginar, incluso en una época en la que formaban parte de la ciencia ficción predominante las obras fantásticas de mentes tan fértiles como la de H. G. Wells, autor de *La máquina del tiempo*.

Un experimento tras otro parecen haber corroborado las ideas de Einstein. Sus ecuaciones se han comprobado, verificado y contrastado; de hecho, hay tecnologías que dependen enteramente de ellas: una es la focalización del microscopio de electrones; y el diseño del klystrón, el tubo electrónico que envía energía de microondas a los sistemas de radar, es otra.

Tanto la relatividad como la teoría biocéntrica presentadas en este libro (que prefiere la dinámica «teoría compensatoria» postulada por Lorentz) predicen los mismos fenómenos. No es posible inclinarse a favor de una de las dos teorías basándose en hechos observacionales. «Uno debe escoger la relatividad en lugar de las alternativas compensatorias [biocéntricas] —escribió Lawrence Sklar, uno de los más eminentes filósofos de la ciencia— como una cuestión de libre elección.» Pero no es necesario echar por la borda a Einstein para poder volver a situar el espacio y el tiempo en su lugar como medios a través de los cuales los animales y los seres humanos nos intuimos a nosotros mismos. Nos pertenecen a nosotros, no al mundo físico. No hay necesidad de crear nuevas dimensiones y de inventar unas matemáticas enteramente diferentes para explicar por qué el espacio y el tiempo son relativos para el observador.

Sin embargo, esta equicompatibilidad no es válida para todos los fenómenos naturales. Cuando la aplicamos inmediatamente a espacios de un orden de magnitud submolecular, la teoría de Einstein se desploma de golpe. En la teoría de la relatividad, el movimiento se describe en el contexto de un *continuum* tetradimensional de espacio-tiempo. Por lo tanto, utilizándola sola, debería haber sido posible determinar con precisión ilimitada tanto la posición como el impulso, o energía, y el tiempo simultáneamente, conclusión que acabó siendo incongruente con los límites que impone el principio de incertidumbre.

La interpretación de la naturaleza que hizo Einstein estaba diseñada para explicar las paradojas en torno al movimiento y la presencia de campos gravitatorios. No hace ninguna declaración filosófica sobre si el tiempo o el espacio existen en ausencia de un observador.

Serían igual de válidas si la matriz de la partícula o bit de luz que está en movimiento fuera un campo de conciencia que si se tratara de un campo de nada absoluta.

Pero cualquiera que sea la opinión que nos merezcan las convenciones matemáticas utilizadas para calcular el movimiento, el espacio y el tiempo siguen siendo propiedades del organismo perceptor. Solo desde el punto de vista de la vida podemos hablar de ellos, a pesar de la popular concepción que defiende la teoría de la relatividad especial de que el espacio-tiempo es una entidad autónoma que tiene una existencia y estructura independientes.

Y lo que es más, únicamente gracias a una considerable visión retrospectiva nos damos cuenta ahora de que Einstein simplemente sustituyó una entidad externa absoluta de tres dimensiones por una de cuatro. De hecho, al principio de su ensayo sobre la relatividad general, planteó idéntica preocupación por su teoría de la relatividad especial. Einstein había atribuido realidad objetiva al espacio-tiempo con independencia de cuáles fueran los sucesos que pudieran tener lugar dentro de él. Si estuviera vivo, hoy se sentiría identificado con aquella preocupación —que abandonó finalmente por no saber cómo seguir adelante—, pues, al fin y al cabo, su constante punto de vista espiritual, recalcado una y otra vez, era que «no existe el libre albedrío», consecuencia invariable de lo cual es un universo autorregulado; y seguimos por ese camino tan resbaladizo hasta que el dualismo y la independencia del ego, así como los compartimentos aislados para la conciencia y el cosmos exterior, se vuelven insostenibles. En verdad, no puede haber ninguna división entre el observador y lo observado. Si están separados, no hay realidad.

El trabajo de Einstein, tal cual, era magnífico para calcular trayectorias y determinar el paso relativo de la secuencia de sucesos. No hizo ningún intento de elucidar la verdadera naturaleza del tiempo y el espacio, ya que no pueden explicarse con leyes físicas. Para eso, primero tenemos que saber cómo percibimos e imaginamos el mundo que nos rodea.

Pero ¿cómo es que vemos las cosas, cuando la realidad es que el cerebro está encerrado dentro del cráneo, dentro de una caja fuerte de hueso sellada? ¿Cómo es que todo este universo, ricamente diversificado y resplandeciente, penetra por una abertura de seis milímetros que hay en la pupila, y gracias a un tenue rayo de luz que consigue entrar por ella? ¿Cómo convierte eso algunos impulsos electroquímicos en un orden, una secuencia y una unidad? ¿Cómo logramos tener cognición de esta página, de un rostro o de cualquier cosa que parece tan real que muy pocos se paran jamás a preguntarse cómo ocurre? Obviamente, queda fuera de la física tradicional descubrir que estas imágenes que percibimos a nuestro alrededor tan vívidamente son un constructo, un producto acabado que revolotea dentro de la cabeza.

«Después de haber empezado a ocuparme de ello [la epistemología] con plena confianza —escribió Albert Einstein—, me di cuenta de repente del terreno tan resbaladizo en el que me había aventurado, y, debido a la falta de experiencia, hasta el momento me he limitado, por cautela, al campo de la física.» ¡Qué declaración!, y más considerando que fue escrita con el respaldo de la sabiduría y la retrospección casi medio siglo después de haber formulado ya su teoría de la relatividad especial.

Igualmente, Einstein hubiera podido intentar edificar un castillo sin tener conocimiento de los diversos materiales ni de su idoneidad para ese propósito. En su juventud, creyó que podía construir desde este lado de la naturaleza, el lado físico, prescindiendo del otro lado, el lado vivo. Pero Einstein no era ni biólogo ni médico. Por inclinación y por formación, estaba obsesionado con las matemáticas, las ecuaciones y las partículas de luz. El gran físico pasó los últimos cincuenta años de su vida buscando en vano una gran teoría unificada que diera cohesión a todo el cosmos. ¡Ojalá, al salir de su despacho de Princeton, hubiera dirigido la vista al estanque y viera cómo el banco de pececillos subía a la superficie para contemplar ese universo tan vasto del que ellos también eran una intrincada parte...!

Abandonar el espacio para encontrar el infinito

La relatividad de Einstein es totalmente compatible con una definición del espacio más flexible. Varios aspectos de la física hacen pensar, en efecto, que es necesario replantearse el tema del espacio para poder seguir avanzando: la persistente ambigüedad del observador en la teoría cuántica, la energía de vacío-no-cero que insinúan las observaciones cosmológicas y la fragmentación de la relatividad general en escalas pequeñas, por nombrar unos pocos. A esto podríamos añadirle el inquietante hecho de que el espacio tal como lo percibe la conciencia *biológica* continúa siendo un dominio aparte, así como uno de los fenómenos naturales que menos se comprenden.

Para aquellos que están convencidos de que el desarrollo que hizo Einstein de la relatividad especial necesita de la realidad del «espacio» exterior, independiente (y están convencidos asimismo de que es una realidad que los objetos tienen posibilidad absoluta de separarse, lo que la teoría cuántica llama *localidad*, y basan el concepto de espacio en esta idea), debemos insistir en que, para el mismo Einstein, el espacio es simplemente aquello que podemos medir empleando los objetos sólidos de nuestra experiencia. En lugar de dedicar ahora otra media docena de páginas a hacer una exposición más técnica de cómo los resultados de la relatividad pueden obtenerse igualmente sin necesidad de contar con un «espacio» exterior objetivo, es preferible que consultes el Apéndice 2, en el que hemos descrito los postulados de la relatividad especial en términos de un campo fundamental y sus propiedades. Al hacerlo, hemos desbancado al espacio de su posición privilegiada. A medida que la ciencia se vaya unificando, es de esperar que podamos explicar lo que es la conciencia, así como las situaciones físicas idealizadas, desarrollando aquellos aspectos de la mecánica cuántica que han dejado claro que las decisiones del observador están íntimamente ligadas a la evolución de los sistemas físicos.

Aunque es posible que algún día entendamos la conciencia lo bastante bien como para describirla con una teoría propia, no cabe ninguna duda de que su estructura forma parte de la lógica de la naturaleza, es decir, del gran campo unificado fundamental. Puede decirse tanto que el campo actúa sobre ella (al percibir las entidades externas, experimentar los efectos de la aceleración y la gravedad, etcétera) como que ella actúa sobre el campo (al ser consciente de los sistemas de la mecánica cuántica, construir un sistema coordinado para describir las relaciones basadas en la luz, etcétera).

Entretanto, teóricos de toda índole se esfuerzan por resolver las contradicciones existentes entre las teorías cuánticas y la relatividad general. Mientras unos pocos físicos dudan que pueda conseguirse una teoría unificada, está claro que nuestra concepción clásica del espacio-tiempo es parte del problema, más que parte de la solución. Entre otras contrariedades, en la concepción moderna los objetos y sus campos se han difuminado hasta fusionarse, escondiéndose y asomando de nuevo en lo que parece ser un eterno juego de cucú. En la concepción moderna, basada en la teoría del campo cuántico, el espacio tiene un contenido de energía propio y una estructura cuya naturaleza es en gran medida mecánica cuántica. La ciencia ha empezado a descubrir que el límite entre *objeto* y *espacio* es cada vez más borroso.

Además, los experimentos de entrelazado cuántico realizados desde 1997 han puesto en tela de juicio el significado del espacio, generando además constantes preguntas sobre qué *significan* dichos experimentos con partículas entrelazadas. En realidad, solo hay dos opciones: bien la primera partícula comunica su situación a velocidad muy superior a la de la luz, esto es, a velocidad infinita, y sirviéndose de una mitología que escapa totalmente incluso a nuestras más desesperadas conjeturas, o bien no existe realmente ninguna separación entre las partículas del par, aunque parezca lo contrario, es decir, están en contacto en el verdadero sentido, a pesar de que se interponga entre ellas un universo de espacio aparentemente vacío. Por lo tanto, se diría que estos experimentos añaden todavía una capa más a la conclusión científica de que el espacio es ilusorio.

Los cosmólogos aseguran que todo estaba en contacto, y nació junto, en el *Big Bang*. Por consiguiente, incluso empleando la imaginería convencional, puede que tenga sentido que todas las cosas son en cierta forma parientes entrelazadas unas con otras, y están en contacto directo con todo lo demás, a pesar del aparente vacío que hay entre ellas.

¿Cómo es, entonces, la verdadera naturaleza de ese espacio? ¿Vacía? ¿Rebosante de energía y, por consiguiente, equivalente a la materia? ¿Real? ¿Irreal? ¿Es un campo excepcionalmente activo? ¿Un campo de la mente? Además, si aceptamos que el mundo exterior ocurre solo en la mente, en la conciencia, y que es el interior de nuestro cerebro lo que percibimos y conocemos «fuera» como este momento, eso significa, *por supuesto*, que todo está conectado con todo.

Una singularidad de otro tipo es que, durante un viaje a alta velocidad, sobre todo si se aproxima a la velocidad de la luz, *todo* lo que hay en el universo parecería estar en el mismo lugar, sin separación ni diferenciación alguna, directamente delante. Esta extravagante arruga es debida al efecto de la *aberración*. Cuando conducimos a través de una tormenta de nieve, los copos vienen hacia nosotros por delante, en cambio el cristal de atrás apenas recibe ningún impacto. Lo mismo sucede con la luz. El movimiento de nuestro planeta alrededor del Sol, a 29 kilómetros por segundo, hace a las estrellas cambiar de posición, desplazándolas varios segundos de arco. A medida que incrementamos la velocidad, este efecto se vuelve todavía más acusado hasta que, justo por debajo de la velocidad de la luz, el contenido entero del cosmos aparece como una única bola de luz cegadora situada directamente delante. Si vamos mirando por cualquier otra ventanilla, no se ve nada, salvo una extraña y absoluta negrura. Lo que queremos destacar aquí es que, si las experiencias de algo cambian radicalmente dependiendo de las circunstancias, ese algo no es fundamental. La luz o la energía electromagnética son invariables bajo cualquier circunstancia; son cualidades innatas, intrínsecas de la existencia, de la realidad. Por el contrario, el hecho de que el espacio pueda tanto *parecer* que cambia de apariencia debido a la aberración como encogerse *realmente* de forma drástica a altas velocidades es la prueba de que carece de una estructura inherente, no hablemos ya de una estructura externa. El espacio es, más bien, un artículo experiencial que se deja llevar por la corriente y sufre mutaciones según las diversas circunstancias.

La importancia que todo esto tiene además para el biocentrismo es que, si dejamos de considerar que el espacio y el tiempo son realidades de hecho y no fenómenos subjetivos, relativos y creados por el observador, se queda suspendida en la nada la noción de que el mundo exterior existe dentro de su propio esqueleto independiente, ya que ¿dónde está ese universo objetivo externo si no tiene tiempo ni espacio?

Llegados a este punto, podemos formular el séptimo principio:

Primer principio del biocentrismo: Lo que percibimos como realidad es un proceso que exige la participación de la conciencia.

Segundo principio del biocentrismo: Nuestras percepciones exteriores e interiores están inextricablemente entrelazadas; son las dos caras de una misma moneda que no se pueden separar.

Tercer principio del biocentrismo: El comportamiento de las partículas subatómicas —en definitiva, todas las partículas y objetos— está inextricablemente ligado a la presencia de un observador. Sin la presencia de un observador consciente, existen, como mucho, en un estado indeterminado de ondas de probabilidad.

Cuarto principio del biocentrismo: Sin conciencia, la «materia» reside en un estado de probabilidad indeterminado. Cualquier universo que pudiera haber precedido a la consciencia habría existido solo en un estado de probabilidad.

Quinto principio del biocentrismo: Solo el biocentrismo puede explicar la estructura del universo. El universo está perfectamente ajustado para que en él haya vida, lo cual tiene verdadero sentido, ya que la vida crea al universo, y no al contrario. El universo es sencillamente la lógica espaciotemporal completa del ser.

Sexto principio del biocentrismo: El tiempo no tiene existencia real fuera de la percepción sensorial animal. El tiempo es el proceso mediante el cual percibimos los cambios del universo.

Séptimo principio del biocentrismo:

EL ESPACIO, AL IGUAL QUE EL TIEMPO, NO ES UN OBJETO. EL ESPACIO ES OTRA FORMA DE NUESTRO ENTENDIMIENTO ANIMAL Y CARECE DE REALIDAD INDEPENDIENTE. LLEVAMOS EL ESPACIO Y EL TIEMPO CON NOSOTROS ADONDEQUIERA QUE VAMOS, COMO HACEN LAS TORTUGAS CON SUS CAPARAZONES. ASÍ PUES, NO HAY UNA MATRIZ ABSOLUTA CON EXISTENCIA PROPIA E INDEPENDIENTE DE LA VIDA EN LA QUE OCURRAN LOS ACONTECIMIENTOS FÍSICOS.

EL HOMBRE OCULTO ENTRE BAMBALINAS 12

oco después de terminar el instituto, hice otro viaje a Boston. Había estado buscando un trabajo para el verano y había relleno solicitudes en McDonald's, Dunkin' Donuts, e incluso en Corcoran's, la fábrica de zapatos situada en el centro de la ciudad, pero no había ninguna vacante. Un día me cruzó por la mente el pensamiento de intentar encontrar algo otra vez en la Facultad de Medicina de Harvard. Todavía estaba dándole vueltas a la posibilidad cuando me bajé del tren en Harvard Square.

No sé cómo me vino la idea. Cuando pienso en ello ahora, se me ocurre que debí de quedarme pasmado de solo imaginarlo, pero, a la vez, parecía algo bastante natural: hacía tiempo que quería conocer a algún premio nobel. Me preguntaba cómo sería. Tendría que presentarme: «Disculpe, profesor Einstein, me llamo Robert Lanza». Intenté imaginarme qué aspecto tendría James Watson, pues se me pasó fugazmente por la cabeza que de hecho trabajaba en la facultad de Harvard. Había descubierto la estructura del ADN junto con Francis Crick, y era uno de los hombres más sobresalientes de la historia de

141

la ciencia. Decidí de inmediato ir a su laboratorio. Pero, qué lástima, cuando llegué, supe que desde hacía poco dirigía el laboratorio Cold Spring Harbor de Nueva York. Al saber que no podría conocerlo, me senté, desconcertado. ¿Y ahora qué?

«¡Vamos, no sirve de nada quedarse triste! —me dije—. Estoy en Boston, después de todo. —Y empecé a pensar en todos los premios nobel que recordaba—. Estoy seguro de que Ivan Pavlov, Frederick Banting y sir Alexander Fleming no se encuentran en Harvard, puesto que están los tres muertos; y estoy seguro de que Hans Krebs tampoco, porque está en la Universidad de Oxford, y George Wald..., ¡sí, George Wald sí está aquí, estoy convencido! Compartió el Premio Nobel con Haldan Hartline y Ragnar Granit por sus descubrimientos sobre los procesos visuales del ojo.»

El pasillo estaba oscuro y olía a humedad. Me encontraba justamente delante del laboratorio del doctor Wald cuando se abrió la puerta y salió una mujer.

—Disculpe, señorita, ¿sabe dónde podría encontrar al doctor Wald?

—No se sentía bien y hoy no ha venido a trabajar –me contestó–, pero es de suponer que estará aquí mañana.

—Será demasiado tarde –respondí, tratando todavía de encajar el hecho de que incluso un premio nobel se pusiera enfermo–. Solo estaré en Boston unas horas más.

—Tengo que hablar con él esta tarde. ¿Quieres que le dé algún mensaje?

—No, no se preocupe –le dije. Le di las gracias a aquella mujer tan amable y me marché.

Había llegado el momento de volver a casa, de volver a Stoughton, de volver al mundo de McDonald's y Dunkin' Donuts. Así que crucé Harvard Square y un rato después subí al tren. «Ojalá hubiera más premios nobel aquí en Boston», pensé, mientras la melancolía se iba apoderando de mí poco a poco. Pero al llegar a esas palabras empecé a cavilar de nuevo, ya que en Boston había muchas otras universidades y escuelas universitarias, bastantes de ellas reconocidas a nivel nacional, y algunas de fama internacional. Tal vez el más importante fuera el Instituto Tecnológico de Massachusetts,[1] que recientemente había ampliado sus áreas de especialización más allá de los límites de

---

1. Massachusetts Institute of Technology (MIT). (N. de la T.)

la tecnología. Sus investigaciones habían hecho contribuciones notables, además de a la tecnología y la ingeniería, al campo de las ciencias biológicas.

Me bajé del tren en Kendall Square y me dirigí al campus del MIT. Hacía tanto tiempo que no había estado allí (desde mi entrañable entrada en el mundo de la ciencia de la mano del doctor Kuffler) que al principio me sentí un poco perdido; pero pronto conseguí orientarme.

La primera pregunta, claro está, era si había allí algún premio nobel. Justo al final de la calle se erigía un edificio de dimensiones colosales, con una inmensa cúpula y columnas. El letrero decía: MASSACHUSETTS INSTITUTE OF TECHNOLOGY, y dentro había una cabina de información.

—¿Podría decirme, por favor, si hay algún ganador del Premio Nobel en el MIT? –pregunté.

—Claro que sí –dijo el hombre–. Están Salvador Luria y Gobind Khorana.

No tenía la menor idea de quiénes eran ni de lo que hacían, pero pensé que sería fabuloso conocerlos, de todos modos.

—¿Quién es más famoso de los dos?

El hombre no dijo nada. Supongo que debió de parecerle una pregunta extraña.

—El doctor Luria –contestó el caballero que había sentado a su lado–. Es el director del Centro de Investigación del Cáncer.

—¿Sabe dónde podría encontrarle?

El hombre buscó en el directorio, y escribió en un papel: «Luria, Salvador E. Edificio E17».

Me entregó la hoja como si se tratara de una carta oficial de presentación. Me fui, nervioso, y, sin pérdida de tiempo, atravesé el campus y me dirigí a su despacho. Una de sus secretarias estaba sentada a una mesa que había a la entrada, ordenando unos papeles. Estaba asustado, tan asustado que tuve que mirar otra vez la papeleta que llevaba en la mano.

—Perdone, ¿podría por favor hablar con el doctor Salvador?

—¿Se refiere al doctor Luria?

Conseguí esbozar una media sonrisa –lo mejor que pude, pues me sentía como un imbécil.

—¡Sí, claro!

—¿Tiene cita?

Intenté no comportarme como si estuviera fuera de lugar, aunque obviamente ella sabía que yo no era más que un muchacho.

—No, pero confiaba en poder hacerle unas preguntas rápidas.

—Va a estar reunido todo el día –contestó. Y luego, guiñándome el ojo, añadió–: Pero puedes intentar hablar con él a la hora del almuerzo.

—Gracias –le dije–. Volveré más tarde.

No había tiempo para leer todos sus artículos científicos, pero encontré una biblioteca en un edificio que había a unos pocos bloques de su despacho. Me enteré de que acababa de ganar el Premio Nobel junto con Max Delbrück y Alfred Hershey en 1969 por unos descubrimientos relacionados con los virus y las enfermedades víricas que sentaron las bases de la biología molecular.

Muchas veces he tenido la sensación de que el tiempo se ralentiza notablemente cuando espero a que llegue la hora del almuerzo, pero aquel día las manecillas de los relojes parecían estar pegadas con Araldit. Las horas pasaban a la velocidad de las placas tectónicas.

—Ya estoy aquí otra vez –dije–. ¿Ha vuelto el doctor Luria?

La secretaria asintió.

—Sí, está en su despacho. Ve y llama a la puerta.

—¿Está segura? –pregunté con cierta timidez.

—Sí, ve y llama. No tiene mucho tiempo.

Según golpeé con los nudillos, el estómago me dio lentamente un vuelco y me puse tan nervioso que me asaltó la terrible duda de si no debería darme la vuelta e irme.

—Pase.

Le miré, petrificado. Estaba allí sentado, comiendo lo que parecía ser un sándwich de mantequilla de cacahuete y gelatina. ¿Así que aquella era la dieta de los gigantes intelectuales?

—¿Quién eres?

Su voz parecía indicar que estaba al borde de sentirse molesto por la intromisión, y yo me sentí exactamente igual que el león cobarde cuando aborda al Mago de Oz, con las nubes de fuego arremolinándose a su alrededor.

—Me llamo Robert Lanza.

—¿Quién te envía?

—Nadie.

—¿Quieres decir que pasabas por aquí y has decidido entrar? No era un comienzo muy alentador.

—Estoy..., estoy buscando trabajo, señor. He trabajado un poco con el doctor Stephen Kuffler, de la Facultad de Medicina de Harvard, y me preguntaba si quizá usted necesitaría tener a alguien que le ayudara —dije, pensando que igual valía la pena mencionar al doctor Kuffler, dado que no se me ocurría qué otra cosa decirle, y que tal vez me fuera de alguna ayuda. Yo era demasiado joven todavía para valorar plenamente el efecto que tiene mencionar nombres importantes.

—Por favor, siéntate —dijo en un tono súbitamente muy cortés—. ¿Así que Stephen Kuffler? Es un gran tipo.

Sus grandes ojos brillaban según conversábamos. Le hablé de los experimentos que había hecho en el sótano de mi casa, y de cómo había conocido al doctor Kuffler hacía unos años.

—Yo ya no hago demasiadas investigaciones —comentó—. El trabajo ahora es sobre todo administrativo. Pero te conseguiré un empleo; te lo prometo.

Le di las gracias, sin poder creerme del todo que hubiera sido así de fácil y así de breve.

—Mira —me dijo—. Lo que estoy haciendo es una locura.

En aquel momento no me di cuenta de que acababa de escribir mi nombre, el de un muchacho cualquiera, a la cabeza de una larga lista de solicitantes cualificados de la facultad.

Dadas las circunstancias, lo único que podía hacer era disculparme por haberle importunado.

Cuando llegué a Stoughton, se estaba poniendo el sol. Barbara, la vecina de al lado, estaba trabajando en el jardín. Fui corriendo hacia ella y le dije:

—He encontrado trabajo. Adivine dónde.

—¡Has conseguido el trabajo del cine! (Porque yo había tenido muchas ganas de trabajar en el cine, pero, aunque había presentado una solicitud, no me llamaron.)

—No. Pruebe otra vez.

—Déjame pensar... ¿McDonald's, Dunkin' Donuts...? Me rindo.

Le conté todo lo que había ocurrido aquel día. Cuando terminé, no me sorprendió verla aplaudir, a la vez que exclamaba:

—¡Bobby! ¡Qué contenta estoy! El doctor Luria es uno de mis héroes. Le oí hablar en una concentración por la paz.

Volví al MIT al día siguiente. Según pasaba por delante de uno de los edificios de Biología, oí gritar mi nombre y miré hacia arriba. Era el doctor Luria.

—¡Robert! ¡Qué tal! —No podía creer que recordara mi nombre—. Ven conmigo.

Le seguí a través de la puerta de entrada, a lo largo de un pasillo y hasta el interior de un despacho, en el que estaba —creo— el jefe de personal. Lo que el doctor Luria dijo a continuación me dejó de piedra.

—Quiero que le des el trabajo que quiera.

Después se volvió hacia mí.

—Eres un fastidio. Hay un centenar de estudiantes del MIT que quieren trabajar aquí.

Pero me dieron el trabajo, un trabajo que me cambió la vida. Trabajé en el laboratorio del doctor Richard Hynes, que era profesor adjunto en aquella época, solamente con un estudiante de posgrado y un técnico. El doctor Hynes sucedería luego al doctor Luria como director del centro (el Centro de Investigación del Cáncer, del MIT) y llegaría a ser miembro de la prestigiosa Academia Nacional de Ciencias y uno de los más eminentes científicos del mundo. En aquellos momentos, estaba estudiando una nueva proteína de alto peso molecular, que más tarde se llamaría «fibronectina». Durante el tiempo que trabajé con él, un día añadí fibronectina a unas células de tipo canceroso, y recuperaron su morfología normal. Al mostrarle las células al doctor Luria, dijo que era lo más apasionante que había visto en toda la semana. La investigación que hice se publicó al cabo de un tiempo en la revista *Cell*, una de las publicaciones científicas más prestigiosas y elogiadas del mundo.

Los extraños y precarios días de mis escapadas de infancia iban retrocediendo hasta ser un recuerdo muy lejano.

LOS MOLINOS DE LA MENTE 13

A veces, los libros de texto de zoología nos hacen dar un salto
desde la charca primigenia o desde el crisol marino, a la
vida animal tal y como la conocemos hoy, con tal seguridad
y rapidez que uno podría pensar que no hay aquí misterio
alguno o, si lo hay, que se trata de un misterio insignificante.

LOREN EISELEY

Los cosmólogos, los biólogos y los evolucionistas no parecen quedarse atónitos, ni muchísimo menos, cuando aseguran que el universo —y con él las propias leyes de la naturaleza— apareció de pronto un día sin razón alguna. Quizá deberíamos recordar los experimentos de Francesco Redi, Lazzaro Spallanzani y Louis Pasteur —experimentos básicos de biología que invalidaron la teoría de la generación espontánea, la creencia de que la vida había surgido como por arte de magia de la materia inerte (como, por ejemplo, los gusanos de la carne podrida, las ranas del barro y los ratones de los fardos de ropas viejas)—, y no cometer el mismo error al hablar del origen del universo.

Pero además de la esencial falta de lógica que parece aflorar en la ciencia clásica cuando se tocan cuestiones fundamentales, existe otro problema aún más básico: la naturaleza dualista del lenguaje, de la forma en que pensamos y de los límites de la lógica. Al igual que no podemos percibir adecuadamente lo que sucede en el universo sin incorporar la esencia de la propia percepción, es decir, de la conciencia, tampoco podemos *debatir* y *comprender* adecuadamente el cosmos a menos que tengamos alguna noción de cuáles son la naturaleza y las limitaciones de las herramientas que empleamos para el debate y la comprensión, que son el lenguaje y la mente racional. Después de todo, en este momento estamos leyendo, y lo que leamos tendrá o no tendrá sentido solo dentro de la matriz del medio disponible. Si el medio introduce alguna alteración, deberíamos al menos saber algo sobre ella.

Muy pocos se paran a considerar los límites que tienen la lógica y el lenguaje, que son las herramientas que habitualmente utilizamos en nuestra búsqueda de conocimientos. A medida que la teoría cuántica va teniendo una influencia cada vez mayor en las aplicaciones tecnológicas cotidianas —como los microscopios de efecto túnel y las computadoras cuánticas—, todos aquellos que se dedican activamente a buscar modos de aplicar las maravillosas facetas de esta teoría suelen encontrarse cara a cara con su naturaleza ilógica o irracional, pero la ignoran. A fin de cuentas, lo único que a ellos les interesa son las matemáticas, o las aplicaciones tecnológicas. Tienen un trabajo que hacer; mejor dejar el *significado* de la ciencia a los filósofos. Además, no es necesario entender algo para disfrutar de sus beneficios, una realidad que todos hemos sabido desde tiempos inmemoriales.

Aun así, cuanto más trata uno con la teoría cuántica, más asombrosa (es decir, contraria a la lógica) se vuelve. Para ilustrar esto, recordemos que en la vida cotidiana las elecciones se reducen normalmente a posibilidades específicas. Si estás buscando a tu gato, o está en el salón o no está en el salón; o, quizá, esté parcialmente dentro y parcialmente fuera, si justo en ese momento entra por la puerta. Esas son las tres posibilidades, y no es concebible ninguna otra.

Sin embargo, en el mundo cuántico, cuando una partícula o bit de luz ha viajado del punto A al punto B y hay espejos que emiten un reflejo, de modo que pueda llegar a su destino por cualquiera de las dos vías, ocurre algo extraordinario.

Meticulosos experimentos con espejos dotados de un dispositivo de bloqueo e instrumentos similares nos han mostrado que la partícula no ha tomado el camino A ni el B, ni tampoco se ha dividido, de la forma que fuere, y ha tomado los dos caminos —es decir, no ha llegado a su destino por ninguno de los dos—. Como no hay más posibilidades que aquellas que podemos concebir, el electrón, desafiando toda lógica, ha hecho algo distinto, algo que no podemos imaginar. Se dice que las partículas que hacen cosas aparentemente tan imposibles se hallan en estado de superposición.

Ahora bien, aunque las superposiciones son un hecho rutinario en el verdadero universo cuántico, parecen extraordinarias porque demuestran, sin ninguna duda, que nuestra forma de pensar simplemente no funciona en todos los segmentos del cosmos. Este es un descubrimiento muy importante, un descubrimiento único en la historia humana e, indiscutiblemente, una de las grandes revelaciones del siglo XX.

Los habitantes de la Grecia clásica, amantes de la lógica y apasionados exploradores de las contradicciones que planteaba, no se cansaron de ver surgir enigmas y de encontrar paradojas tales como la de la liebre y la tortuga. Como recordarás, dado que la liebre corre supuestamente al doble de velocidad que la tortuga, se decide dar a esta última un kilómetro de ventaja en una carrera de dos kilómetros. (Es mucho más probable que aquellos griegos utilizaran el *estadio* y no el kilómetro, pero no vamos a ser quisquillosos.) Cuando la liebre ha recorrido ese kilómetro que la separa del punto de salida de la tortuga, ésta ha avanzado entretanto medio kilómetro, ya que se mueve a la mitad de la velocidad de la liebre. Cuando la liebre cubre ahora ese medio kilómetro más, la tortuga ha avanzado otro cuarto de kilómetro, y mientras la primera recorre ese cuarto de kilómetro, la segunda avanza otro octavo. Lógicamente, entonces, la tortuga no debería poder alcanzar nunca a la liebre, ya que las distancias de ventaja que le saca son cada vez menores; aun así, la tortuga va siempre a la cabeza. Sabemos que ha de haber un error, y, sin embargo, la lógica que nos conduce hasta la conclusión no parece contener incorrección alguna. Los griegos encontraron también una forma de demostrar matemáticamente que uno más uno es igual a tres, y muchas otras cosas igual de magníficas, debido posiblemente a la cantidad de tiempo de ocio de que disponían en aquel maravilloso clima egeo.

O bien pensad en esto, que se le dijo a un condenado: «¡Habla! Si mientes, se te colgará. Si dices la verdad, se te pasará por la espada». De modo que el preso contesta: «¡Se me colgará!», y tras una tortuosa deliberación, los carceleros deciden que no tienen más elección que liberarlo.

La lengua está llena de contradicciones que simplemente ignoramos. Si le preguntamos a alguien qué piensa que habrá después de la muerte, una de las respuestas más comunes será: «No creo que haya nada».

Parece una afirmación válida, ¿no?, pero como vimos en el capítulo anterior, los verbos *ser* o *haber* contradicen la nada. Uno no puede *ser* nada, ni puede *haber* nada. Los frecuentes encuentros que tenemos con estas frases nos han insensibilizado, haciéndonos imaginar que expresan algo válido y lógico, cuando de hecho no dicen nada comprensible.

Mi intención al hablar de todo esto es infundir la debida cautela con respecto al lenguaje y la lógica. Son herramientas que se utilizan con fines específicos, y funcionan bien para lo que están hechas, que es, por ejemplo, transmitir mensajes sencillos, como *por favor, pásame el salero*. Sin embargo, toda herramienta tiene usos y también limitaciones, como descubrimos cuando vemos que un clavo sobresale del marco de una puerta y queremos volver a clavarlo pero, al echar un vistazo rápido a la habitación, lo único que encontramos son unas tenazas. Lo que de verdad necesitamos es un martillo, pero nos da pereza dedicar más tiempo a buscarlo, así que empezamos a golpear con las tenazas. No funciona; pronto hemos doblado el clavo en lugar de hacerlo entrar. Hemos utilizado para hacer el trabajo una herramienta que no sirve.

La lógica y el lenguaje verbal no son herramientas idóneas para entender la teoría cuántica. Las matemáticas funcionan mucho mejor (pero, incluso estas, simplemente nos muestran cómo opera, no por qué es así). La lógica fracasa también cuando tratamos de cosas que no tienen comparativos. Le contamos a un amigo lo intensamente azul que está el cielo en esta mañana fría de otoño, pero la frase, por supuesto, no significaría nada para una persona ciega de nacimiento. Son necesarias la experiencia de lo *conocido* o poder hacer comparaciones con ello para que el lenguaje y el pensamiento sean productivos. Uno de los autores de este libro vio una camiseta en la que había estampado un clásico test de Ishihara para medir el daltonismo, que consistía en una infinidad de pequeños puntos de tonos pastel. A un amigo daltónico le pareció un diseño poco imaginativo y carente de significado, pero para todos los demás, la camiseta decía: «Que se jodan los daltónicos».

Pero resulta que nosotros somos los daltónicos cuando se trata de las cuestiones verdaderamente profundas del cosmos. Debido a que el universo en su totalidad, la suma de toda la naturaleza y la conciencia, no tiene punto de comparación, puesto que no hay nada semejante a él ni existe dentro de ninguna otra matriz o contexto, nuestra lógica y nuestro lenguaje carecen de un medio representativo y coherente de aprehenderlo o visualizarlo en su conjunto.

Esta limitación sustancial debería ser obvia al instante —igual que la pregunta de *hacia qué* se expande el universo— y, sin embargo, para la mayoría de nosotros no lo es, por muy extraño que parezca, dado que casi todos hemos experimentado en algún momento la futilidad del lenguaje o la imposibilidad de conceptualizar algo, seguidos de un sentimiento de frustración, como cuando nos damos cuenta de que somos incapaces de concebir que el infinito, la eternidad o el cosmos existan sin ningún tipo de límites o de centro. Nuestros intelectos se quedan paralizados ante la idea de que un gato se halle en un estado que no sea ni el de estar dentro ni fuera de una habitación, ni tampoco el de estar parcialmente dentro y parcialmente fuera. Entendemos que la respuesta es «otra cosa» y, teniendo en cuenta que este tipo de experimentos pueden reproducirse con facilidad, deben de tener su propia lógica interna..., pero no es una lógica que coincida con la nuestra.

Puede que esa limitación del lenguaje sea aplicable a todos los niveles holísticos del cosmos que jamás pudiera ocurrírsenos explorar, fuera de los niveles mecanicista y matemático. Ya hemos visto que los mecanismos del cerebro y de la lógica que los seres humanos hemos desarrollado para lidiar con nuestras tareas macroscópicas comunes, como pedir una hamburguesa o un aumento de sueldo, fracasan cuando intentamos aprehender con ellos los comportamientos de lo que es muy pequeño o comprender algo a gran escala. Y aunque esto sea a la vez revelador y sorprendente, quizá, después de todo, tenga sentido. Ningún químico que haya estudiado solamente las propiedades del cloro, que es un veneno, y el sodio, que es un elemento que reacciona con una explosión al entrar en contacto con el agua, podría haber adivinado las propiedades que se revelarían cuando estos dos elementos se combinan formando el cloruro sódico: la sal de mesa. Nos encontramos de pronto con un compuesto que no solo no es un veneno sino que resulta indispensable para la vida. Y lo que es más, el cloruro sódico no solo no reacciona con violencia cuando entra en contacto con el agua, sino que se disuelve mansamente. No se habría podido inferir esta «realidad mayor» por un estudio somero de la naturaleza de sus componentes. Del mismo modo, si la conciencia global constituye una especie de metauniverso, sería de esperar que también éste tuviera propiedades impredecibles por el mero estudio de sus componentes.

En todas estas deliberaciones sobre el biocentrismo, llegamos invariablemente a varios puntos en los que la mente pensante frena en seco ante un muro más allá del cual únicamente residen las contradicciones o, peor aún, la nada. Lo que tratamos de decir es que esto nunca debería tomarse como prueba de que el biocentrismo es falso, más de lo que es necesario desacreditar el *Big Bang* solamente porque de él se deriva la inconcebible idea de que fue el principio del tiempo. Nadie se atrevería a decir que el nacimiento humano es imposible por el mero hecho de que nadie tenga ni idea de cómo «llegó aquí» esa nueva conciencia. El misterio nunca es una refutación. Afirmar que la tesis biocéntrica propone aspectos inconcebibles suena, reconozcámoslo, a pretexto para evadirse; es como si un ingeniero estructural dijera que no puede saber si el edificio que propone se caerá en caso de que el viento sople con demasiada fuerza. ¿Quién aceptaría algo así? Pero los interrogantes que se plantean sobre el universo total son, como hemos visto, una empresa totalmente distinta, para la que el sistema lógico humano ni fue, al parecer, diseñado ni hubo intención de hacerlo, como tampoco lo fue para penetrar en el ámbito de la realidad cuántica de lo ínfimo. Ese clavo que se nos resiste nos inquieta, pero lo único que tenemos a mano son unas tenazas, y con ellas hemos de hacer lo que podamos.

Por eso se te pide, mucho más que en la mayoría de las actividades que realizas, que consideres la posibilidad de que, junto con la lógica y las pruebas a favor del biocentrismo, intervenga algo extraño e intangible, una especie de «lectura entre líneas» para ver si tal vez lo que lees suene a verdad en un nivel instintivo. No todo el mundo se sentirá cómodo buscando conocimiento en lugares no habituales, mirando debajo de piedras en las que normalmente ni se fijaría.

No obstante, aunque es una situación difícil, está muy lejos de ser una situación nueva. Si bien es cierto que la vida está llena de riesgos tangibles y de comportamientos claramente peligrosos, tales como una pelea en un bar o casarse por un impulso, pocos son los que, en una u otra ocasión, no se han alejado de una situación simplemente porque «algo les daba mala espina»; y, a la inversa, nadie ha explicado todavía lo que es el amor y, sin embargo, pocas experiencias se le igualan en cuanto a comportamiento impulsivo. Habitualmente, el instinto derrota a la lógica.

El biocentrismo, como todo lo demás, tiene sus límites lógicos, pese a que ofrece la mejor explicación, con mucho, de por qué las cosas son como son. Debido a ello, podría tal vez considerarse un trampolín; no un fin en sí mismo, sino un portal que puede ser la entrada a explicaciones y exploraciones de la naturaleza y el universo mucho más profundas.

CAÍDA EN EL PARAÍSO 14

El islote de 40.000 metros cuadrados en el que vivo es de una belleza sobrecogedora, con sus árboles y flores reflejados en el agua. Cuando compré la finca hace diez años, estaba cubierta de enormes zumaques y matorrales que ensombrecían las orillas e impedían que entrara el sol. La pequeña casa roja en la que vivía estaba destartalada. Un día llegó un camión con árboles y arbustos, y recuerdo al conductor que los descargó. Yo estaba vestido con ropa de trabajo, y sucio de tierra después de haber estado cavando hoyos. El conductor se volvió hacia mí y me dijo:

—El tipo que vive en esta casa ha invertido sin duda un montón de dinero en plantas y paisajismo. No sé por qué no echa abajo esta pocilga y se hace una casa nueva.

La entrada al predio —que en un tiempo fue un lodazal— ahora parece un viñedo, con un angosto camino adoquinado que se pierde al llegar al puente. Plantar cientos de árboles y colocar miles de piedras fue una labor francamente ardua. Desde el otro lado de la laguna, el recinto se ve ahora blanco y reluciente, con torres de tres pisos rodeadas de miradores y coronadas por cúpulas de cobre que reflejan el sol. Hay cisnes y halcones, zorros y mapaches que han hecho del islote su hogar, e incluso una marmota gorda del tamaño de un perro.

Pero no habría podido hacerlo sin la ayuda de Dennis Parker, un bombero de la zona que se crió en el pueblo. Algunos de los árboles que plantamos miden ya más de siete metros. La glicina, que tenía apenas un metro cuando la plantamos, cubre ahora por completo la pérgola de diez metros que le construimos hace ya muchos años. Las dos casas que hay en la finca están ahora conectadas por una galería que se ha ido convirtiendo en una exuberante selva tropical; haría falta un machete para abrirse paso entre las palmeras y las plantas de ave del paraíso, oprimidas contra el techo de casi cinco metros de alto por falta de espacio.

Dennis vive al otro lado de la galería. Él y sus ocho hermanos crecieron en el complejo de viviendas subvencionadas que hay en el pueblo. En 1976 empezó a trabajar en el cuerpo de bomberos de Clinton, y en cuanto ganó lo suficiente, pagó el primer plazo de una casa a la que se trasladó con toda la familia. No os equivoquéis, es un hombre estoico y difícil a veces, y por eso precisamente su preocupación por quienes lo rodean es tan sentida. Durante más de veinticinco años, el capitán Parker hizo todo aquello que puede esperarse de un bombero. Cuando un automóvil se hundió al quebrarse el hielo de la laguna, se zambulló en el agua con su traje de buzo y sacó al hombre del coche sumergido (aunque ya era demasiado tarde). Sin embargo, la mayoría de los días eran menos dramáticos, como cuando contestó una llamada del complejo urbanístico para personas mayores: una anciana hizo que se disparara la alarma de incendios al desbordarse la masa de los pasteles de manzana que tenía en el horno. La mujer estaba tan abochornada que envió a su hija al parque de bomberos con un pastel para Dennis y su equipo.

Hace alrededor de tres años, le pregunté si podía cortar la rama de un árbol. La rama estaba a casi siete metros del suelo, pero no se dejó arredrar por esto —además, era un maestro en subir por largas escaleras para apagar incendios y, ocasionalmente, rescatar a un gato de un árbol—. Era viernes por la tarde, y empezó a cortar la rama con una motosierra.

—Dennis, por favor, ten cuidado –le pedí encarecidamente–. Estamos aquí para divertirnos; no quiero pasar la noche en urgencias.

Nos reímos. Unos segundos después, vi que la inmensa rama empezaba a balancearse. Al cabo de unos instantes, chocó contra la cabeza de Dennis como una baqueta, causándole de inmediato una hemorragia cerebral. «¡Dennis!», grité al verle salir despedido por el aire, pero la única respuesta que obtuve fue el golpe atronador y escalofriante que hizo su cuerpo al caer al suelo. La motosierra seguía en marcha, pero Dennis estaba tendido sobre la rama como una muñeca de trapo; la lengua le colgaba fuera de la boca, y tenía los ojos hinchados y vueltos hacia el interior.

Justo antes de morir, el herrero al que había conocido siendo niño, me dijo: «Bobby, eliges a tus amigos, no a tu familia».

Dennis era uno de los mejores amigos que he tenido; y allí estaba, con los brazos colgando flácidos sobre la rama. No tenía pulso y no respiraba. «¡Dios mío —pensé—, no puede ser que esté muerto!». Me dije que el cerebro podría sobrevivir durante un par de minutos sin oxígeno, así que en lugar de hacerle una reanimación cardiopulmonar, corrí a casa como una flecha y llamé al 112.

De repente, Dennis empezó a respirar de nuevo y movió los dedos de una mano. Me senté en el asiento de delante de la ambulancia camino del hospital. Todavía no habían empezado a arreglar la carretera, y aunque Dennis aún deliraba, el dolor debía de ser tan grande que cada bache le arrancaba un grito agudo, como sacado de una película de terror. Resultó que —además de las fracturas que tenía por todo el cuerpo— la rama, al caer, le había aplastado los huesos de la muñeca, y aquellos tipos intentaban inmovilizarlo tirando de sus muñecas hacia abajo con todo el peso de sus cuerpos.

Después de cortarle los vaqueros con unas tijeras e intubarlo, lo llevaron en helicóptero al Centro Médico de la Universidad de Massachusetts. Como soy médico, me dejaron entrar en la sala de urgencias. Estaban escasos de personal y, al ir avanzando la noche, la situación se volvió caótica, pues iban llegando cada vez más ambulancias aéreas. De repente, las alarmas de «peligro» empezaron a dar destellos rojos en los monitores que mostraban las señales vitales de Dennis, pero el personal no podía hacerle caso porque estaba atendiendo a otro paciente que acababa de sufrir un paro cardiopulmonar. Oí a la enfermera llamar a la Unidad de Cuidados Intensivos y rogar: «Hay dos helicópteros más a punto de llegar, y no damos abasto». El problema, al parecer, era que después de esperar más de cinco horas aún no habían conseguido que fuera nadie a cambiar las sábanas de la cama que había vacía en la UCI.

Como Dennis yacía en un rincón de urgencias debatiéndose entre la vida y la muerte, salí a la sala de espera para informar de la situación a su familia. Era la primera vez que veía a la familia entera reunida. Según entré en la sala, corrieron hacia mí para preguntarme cómo estaba. Les dije que los médicos no sabían si sobreviviría. Antes de terminar la frase, vi a Ben, el hijo de Dennis, un muchacho de trece años, empezar a llorar desconsoladamente. Su hermana, una de las personas más fuertes que he conocido en mi vida, estuvo a punto de derrumbarse.

Durante unos momentos, todo pareció surrealista, y me sentí como una especie de arcángel omnisciente que trascendía el provincialismo del tiempo. Tenía un pie en el presente, rodeado de lágrimas, y un pie atrás, en el estanque de biología, volviendo el rostro al sol radiante. Pensé en el episodio que viví con la luciérnaga, y en cómo cada persona —en realidad, cada criatura— está hecha de múltiples esferas de realidad física que pasan a través de sus propias creaciones del espacio y el tiempo como fantasmas a través de las paredes. Pensé también en el experimento de la doble rendija, en que el electrón atravesaba las dos ranuras al mismo tiempo. No podía dudar de las conclusiones sacadas de estos experimentos. En el plan a gran escala de las cosas, Dennis estaba a la vez vivo y muerto, fuera del tiempo.

Hace unas semanas —casi tres años después de la caída de Dennis—, su hijo Ben jugaba un partido de fútbol (está en el equipo de fútbol americano del instituto). Cuando anotó un *touchdown*, los padres enloquecieron de júbilo en las gradas. Ben sabía que su padre estaría orgulloso de él.

Acababa de cumplir dieciséis años y, por supuesto, lo único en lo que pensaba era en qué automóvil tendría una vez que consiguiera el carné de conducir. Dennis le había hecho tener esperanzas de quedarse con el viejo Ford Explorer, que tenía 320.000 kilómetros.

—Papá –había preguntado Ben–, no me vas a dar el «Exploder»,[1] ¿verdad?

Anoche, en la fiesta de cumpleaños de Ben, Dennis le sorprendió; le dio las llaves de su propio automóvil, que tiene todo de tipo de

---

1. «Explosionador» (*Exploder*) en lugar de «Explorador» (*Explorer*). (N. de la T.)

prestaciones, e incluso calefacción en los asientos. Está ahí fuera sacándole brillo en este preciso instante.

La perspectiva científica actual del mundo no ofrece esperanza ni escapatoria a los que están aterrorizados porque van a morir. Pero el biocentrismo sugiere una alternativa: si el tiempo es una ilusión, si la realidad es una creación de nuestra conciencia, ¿puede en verdad esa conciencia extinguirse jamás?

LOS PILARES DE LA CREACIÓN 15

Acababa de publicar un artículo científico que hablaba por primera vez de que era posible generar en el ojo un importante tipo de célula que podría usarse para tratar la ceguera. Iba de camino al trabajo a la mañana siguiente —tarde, como de costumbre— y reconozco que a bastante más velocidad de los veinticinco kilómetros por hora que indicaba la señal que tenía ante mí a la entrada del aparcamiento. Más o menos en el mismo instante, tuve una descarga de adrenalina al tener que pisar el freno y hacer un giro brusco para sortear un coche patrulla que se había detenido a preguntar algo a un peatón. «¡Qué mala suerte la mía, que el vehículo haya tenido que ser precisamente un coche patrulla!», pensé, convencido de que iban a arrestarme. Seguí avanzando por el aparcamiento, y aparqué en el rincón más alejado con la esperanza de que el agente hubiera estado demasiado ocupado como para darse cuenta y venir en mi busca. Con el corazón galopándome aún en el pecho, me apresuré a entrar en el edificio. «¡Gracias a Dios! —pensé, mirando por encima del hombro—, no hay señal de que el policía venga tras de mí.»

Una vez a salvo en mi despacho, me había tranquilizado y había empezado a trabajar cuando alguien llamó a la puerta. Era Young Chung, uno de los científicos que trabaja para mí.

—Doctor Lanza —dijo con voz aterrada—, hay un policía en recepción que pregunta por usted. Lleva esposas y una pistola.

Hubo un poco de revuelo en el laboratorio según salí para saludar al policía, que estaba allí de pie, uniformado. Creo que mis colegas tenían miedo de que me fuera a sacar esposado del edificio.

—Doctor —dijo con voz seria—, ¿podemos hablar en su despacho?

«Debe de ser muy grave», pensé. Pero una vez que estuvimos en el despacho, se disculpó y me preguntó si tenía tiempo para hablar con él del revolucionario descubrimiento sobre el que acababa de leer en el *Wall Street Journal* (de hecho, había parado al peatón del aparcamiento para preguntarle dónde estaba exactamente la compañía). Me explicó que él y otros padres habían formado un grupo que se comunicaba a través de Internet para informarse unos a otros de los últimos avances médicos que quizá pudieran ser de ayuda para sus hijos. Cuando supo que yo trabajaba en su misma ciudad, Worcester, Massachusetts, vino a verme en nombre del grupo.

Resultó que su hijo adolescente padecía una grave enfermedad ocular degenerativa, y que los médicos le habían pronosticado que se quedaría ciego en un par de años. Me contó además que un miembro de la familia había desarrollado la enfermedad más o menos a la misma edad, y ahora estaba totalmente ciego. Señaló una caja de cartón que había en el suelo, y dijo:

—En este momento, mi hijo todavía puede entrever el contorno de la caja. Pero se nos acaba el tiempo...

Para cuando terminó de contármelo, casi se me saltaban las lágrimas. La situación me resultaba particularmente difícil de encajar, sabiendo que tenía células congeladas que hubieran podido ayudar a su hijo. Las células llevaban más de nueve meses metidas en una caja en el congelador. Pero no teníamos los 20.000 dólares que necesitábamos para hacer los experimentos con animales y poder demostrar que las células funcionaban (la cantidad de dinero que el ejército paga a veces por un martillo).[1] Desgraciadamente, pasarían uno o dos años

---

1. Comentario irónico que hace referencia al escándalo provocado en la década de 1980 por una compra de material realizada por el Departamento de Defensa norteamericano, que incluía un martillo al que, por error, se le había asignado dicho precio en la relación de gastos presentada al gobierno. Más tarde se aclararía que se había dividido la suma

antes de que consiguiéramos los fondos necesarios para demostrar que las células —las mismas células humanas que se utilizarían en los pacientes— podían salvar la función visual de animales que, de otro modo, se habrían quedado ciegos. Se vio que la agudeza visual mejoraba un cien por cien más que cuando no se trataba, y sin ningún efecto adverso. En la actualidad (mientras se está escribiendo este libro), mantenemos conversaciones con el Departamento de Salud Pública para comenzar las prácticas clínicas con pacientes que sufren enfermedades degenerativas de la retina, incluida la degeneración macular, que afecta a más de 30 millones de personas de todo el mundo.

Pero un aspecto de estas células es todavía más asombroso que su capacidad de impedir la ceguera. En las mismas placas de petri donde están estas células de la retina, detectamos también la formación de fotorreceptores —es decir, los conos y bastones con los que vemos— e incluso globos oculares en miniatura, que parece como si te miraran directamente a través del tubo del microscopio. En todos estos experimentos, empezamos por células madre embrionarias —las células maestras del cuerpo— que fabrican todo tipo de células nerviosas espontáneamente, casi por defecto; las células nerviosas son el primer tipo de células corporales humanas que quieren fabricar. De hecho, algunas de las neuronas que he visto desarrollarse en el laboratorio tienen miles de procesos dendríticos —por medio de los cuales se comunican con las células vecinas— de tal extensión que haría falta sacar una docena de fotografías distintas para abarcar la imagen de una sola célula.

Desde un punto de vista biocéntrico, estas células nerviosas son las unidades fundamentales de la realidad; son lo primero que la naturaleza parece querer crear cuando se la deja actuar por sí sola. Las neuronas —y no los átomos— constituyen el fundamento, la base de este mundo nuestro determinado por el observador.

El circuito que estas células forman en el cerebro contiene la lógica del espacio y el tiempo. Son el elemento neuronal que se corresponde con la mente, y están conectadas con el sistema nervioso periférico y los órganos sensoriales del cuerpo, incluidos los fotorreceptores que se desarrollan en mis placas de petri. Así pues, abarcan todo lo que jamás vayamos a ser capaces de observar, igual que

---

total invertida entre el número de artículos adquiridos, entre los cuales estaba el martillo, y que ese era el origen de la escandalosa cifra que se le había atribuido. Pese a todo, el «martillo» se convirtió en un icono de la incompetencia del Pentágono. (N. de la T.)

un reproductor de DVD envía información a la pantalla del televisor cuando alguien está viendo una película. Cuando observamos las palabras impresas en un libro, su papel, que está aparentemente a treinta centímetros de distancia, no se percibe; la imagen, el papel, *es* la percepción, y, como tal, está contenido en la lógica de este neurocircuito. Una realidad correlativa lo acompaña todo, y solo el lenguaje crea una separación entre lo externo y lo interno, entre el allí y el aquí. ¿Está modelada esta matriz de neuronas y átomos como un campo de energía de la mente?

Los esfuerzos milenarios por comprender la naturaleza del cosmos han sido una empresa enormemente peregrina y precaria. La ciencia es la principal herramienta de que disponemos, pero a veces recibimos ayuda de forma inesperada. Recuerdo una mañana común y corriente en la que todo el mundo menos yo estaba o todavía durmiendo o ya en el hospital haciendo las rondas matutinas. «Da igual —pensé según llenaba una taza de café y miraba cómo el vapor se condensaba en la ventana de la cocina—. Voy a llegar tarde de todos modos.» Con el rascador, abrí un agujero en el hielo que cubría el cristal, a través del cual se veían los árboles que flanqueaban la carretera. Acababa de salir el sol, y sus rayos oblicuos hacían que resplandecieran intensamente las finas ramas desnudas y una pequeña zona de hojas secas. La escena rezumaba un intenso misterio, transmitía el fuerte sentimiento de que algo se ocultaba detrás de ella, algo con lo que no contaban las publicaciones científicas.

Me puse la bata blanca de trabajo y, pese a las protestas de mi cuerpo, salí hacia la universidad. Según iba andando tranquilamente camino del hospital, tuve el curioso impulso de dar un rodeo por el estanque del campus. Tal vez simplemente estuviera posponiendo el encuentro con objetos de contornos duros para la vista, mientras palpitaba todavía aquella magia singular de la mañana: la visión de las máquinas de acero inoxidable, quizá, o de la luz fría del quirófano, las bombonas de oxígeno para emergencias, o los destellos intermitentes en la pantalla del osciloscopio. Había sido eso lo que me había hecho detenerme al borde del estanque, con un hondo sentimiento de sosiego y soledad, mientras el hospital bullía de actividad y voces nerviosas. Thoreau me habría dado su aprobación. Siempre consideró que la mañana era una jovial invitación a llevar una vida sencilla: «La poesía y el arte —escribió—, y las más loables y memorables acciones de los hombres, datan de esa hora».

Fue una experiencia reconfortante estar, en un día frío de invierno, de pie junto al estanque viendo danzar los fotones en su superficie como notas de la *Novena sinfonía* de Mahler. Por un instante, mi cuerpo trascendió el nivel en el que pudieran afectarle los elementos, y mi mente se fundió con la totalidad de la naturaleza de una forma como nunca he vuelto a experimentar en mi vida. Fue en realidad un episodio muy breve, como lo son la mayoría de las cosas verdaderamente importantes; pero en aquella modesta calma había visto más allá de las hojas de los nenúfares y las eneas; había sentido la naturaleza, desnuda y al descubierto, como se les reveló a Loren Eiseley y a Thoreau. Rodeé el estanque y enfilé el camino que llevaba al hospital. Las rondas de la mañana casi habían terminado. Una mujer moribunda se sentó en la cama ante mí. Fuera, un pájaro cantor trinaba, posado en una rama que colgaba sobre el estanque.

Más tarde pensé en el misterioso secreto que no había querido revelárseme aquella mañana al rayar el alba. «Estamos demasiado satisfechos con nuestros órganos sensoriales», dijo una vez Loren Eiseley. No es suficiente con observar cómo danzan los fotones en el extremo de un nervio. «Ya no es suficiente con ver como ve un hombre..., incluso si es capaz de ver hasta los confines del universo.» Los radiotelescopios y los supercolisionadores que hemos construido no hacen sino extender las percepciones de nuestra mente. Solo vemos el trabajo ya acabado; no podemos percibir que las cosas están conectadas unas con otras formando parte de un todo real..., salvo durante quizá cinco segundos una gloriosa mañana de diciembre en la que todos los sentidos son uno.

Por supuesto que los científicos no lo comprenderán, lo mismo que no son capaces de ver lo que se esconde tras las ecuaciones de la realidad cuántica. Estas son las variables que, estando de pie al borde del estanque en un día de diciembre como aquel, fusionan la mente con la totalidad de la naturaleza, con todo lo que nos acecha oculto detrás de cada hoja y de cada rama.

Los científicos llevamos tanto tiempo mirando el mundo que ya no nos cuestionamos su realidad. Como dijo Thoreau, somos igual que los hindúes, que imaginaban que el mundo yacía sobre la espalda de un elefante, el elefante sobre la espalda de una tortuga, la tortuga sobre una serpiente, y no encontraron nada que poner debajo de esta. Todos estamos de pie sobre los hombros de otro..., y todos juntos, sobre nada.

Para mí, cinco segundos de una mañana de invierno son la prueba más convincente que vaya a necesitar jamás. Como Thoreau dijo de Walden:

> *Soy su playa pedregosa,*
> *y la brisa que la acaricia;*
> *en el hueco de la mano*
> *llevo su agua y su arena [...]*

¿QUÉ ES ESTE LUGAR? 16

LA RELIGIÓN, LA CIENCIA Y EL BIOCENTRISMO EXAMINAN LA REALIDAD

En los últimos capítulos hemos planteado la naturaleza y la estructura del universo. Es asombroso que los seres humanos tengamos la capacidad de hacer algo así. Un día, todos nosotros descubrimos que estábamos vivos y conscientes, y, a la edad de dos años en la mayoría de los casos, un proceso de memorización constante empezó a registrar selectivamente las percepciones que teníamos y los datos que nos llegaban. De hecho, hace años llevé a cabo una serie de experimentos con B. F. Skinner (publicados en la revista *Science*) que pusieron de manifiesto cómo incluso los animales son capaces de tener «conciencia de sí mismos». En uno u otro momento de la niñez, la mayor parte de la gente se pregunta: «¡Eh, ¿qué *es* este lugar?» No nos basta con ser conscientes de él; queremos saber qué es la existencia, y por qué y cómo ha resultado ser como es.

Todavía éramos niños cuando empezaron a bombardearnos con respuestas antagónicas. La iglesia decía una cosa y el colegio, otra; así que ahora, de adultos, no debería sorprendernos que, cuando nos referimos a la naturaleza de todo ello, intentemos fraguar una versión

167

combinada de ambas posturas, dependiendo de nuestra tendencia y estado de ánimo personales.

Puede que nos esforcemos por encontrar coherencia entre la ciencia y la religión si, por ejemplo, vemos en el planetario el espectáculo navideño titulado *La estrella de Belén*, que pretende encontrar su explicación lógica; y lo mismo intentan hacer algunos *best seller* como *El Tao de la física* o *La danza de los maestros de Wu Li*, que quieren demostrar que la física moderna dice lo mismo que el budismo.

Por lo general, sin embargo, tales intentos resultan infructuosos e incluso banales, por muy populares que sean. Los físicos auténticos insisten en que *El Tao de la física* no habla de ciencia verdadera, sino que es una versión hippy vagamente reconocible, y los espectáculos navideños que se celebran todos los años en el planetario son, por su parte, una deshonra tanto para la religión como para astronomía, puesto que todos los directores de planetarios saben que ningún objeto celestial natural, ya sea una conjunción, un cometa, un planeta o una supernova, puede pararse en seco, ni sobre Belén ni sobre ningún sitio. Solo un objeto del cielo nórdico, la propia Estrella Polar, puede parecer que está inmóvil; pero los Reyes Magos no se dirigían al norte sino al sur, en su viaje hacia Belén. En definitiva: ninguna de las explicaciones que se dan tiene sentido. Y los directores lo saben, pero, no obstante, ofrecen estas funciones porque durante tres cuartas partes de un siglo han sido una tradición de las vacaciones navideñas que atrae a un cuantioso público. Mientras tanto, mirándolo desde el lado religioso, a quienes creen literalmente en el episodio de «la estrella», se les está diciendo que no hubo ningún milagro, que se trataba solo de una resplandeciente conjunción de planetas que casualmente ocurrió en ese preciso momento y se quedó detenida en el cielo —como si esto no fuera imposible de distinguir de un milagro—. Por cierto, si no te importa que hagamos una pequeña digresión en este momento, y tienes curiosidad por la respuesta, casi con toda certeza la explicación de «la estrella» no le corresponde darla ni a la ciencia ni a la religión... ¿Qué queda, entonces? En aquellos tiempos, existía la supersticiosa creencia de que el nacimiento de los grandes reyes iba acompañado de designios astrológicos, y, cuando se escribió el relato bíblico, una vida entera después del acontecimiento, alguien debió de pensar que Jesús no se merecía menos. Y como Júpiter estaba en Aries —el «signo regente» de Judea— en el momento probable del nacimiento de Jesús, podía hacerse un excelente emparejamiento. Así que el relato fue de origen astrológico (una explicación que en la actualidad no contaría con el beneplácito ni de la ciencia ni de la cristiandad, razón por la cual ninguna de las dos suele mencionarla).

Dado que la ciencia y la religión son consortes mal avenidos, cuyos descendientes suelen sufrir malformaciones, mejor será que los mantengamos debidamente separados mientras resumimos las diversas respuestas que suelen darse a las cuestiones más básicas de la existencia: ¿qué *es* este universo? ¿Cuál es la relación entre lo que está vivo y lo que no está vivo? ¿Es aleatorio o inteligente, el sistema operativo básico de la gran computadora? ¿Puede penetrarlo la mente humana? Y ya que estamos en ello, vamos a revisar también las cuestiones fundamentales con las que cada postura ideológica ha elegido asociarse, y a comprobar luego si al menos esas áreas a las que cada una ha decidido dar relevancia han obtenido una respuesta satisfactoria.

Instantánea elemental del cosmos que presenta la ciencia clásica

Todo empezó hace 13.700 millones de años, cuando el universo entero se materializó de la nada. Desde entonces se ha expandido sin cesar, primero con rapidez, luego a mayor lentitud; pero hace alrededor de 7.000 millones de años, la expansión comenzó a acelerarse de nuevo debido a una fuerza de repulsión desconocida, que es el principal constituyente del cosmos. Todas las estructuras y acontecimientos se crean enteramente por azar a partir de las cuatro fuerzas fundamentales y de una legión de parámetros y constantes, tales como el magnetismo de la gravitación universal. La vida comenzó hace 3.900 millones de años en la Tierra, y posiblemente también en otros lugares aunque en fecha desconocida. Esto también ocurrió debido a colisiones aleatorias de moléculas que, a su vez, están compuestas de combinaciones de uno o más de los noventa y nueve elementos naturales. La conciencia surgió de la vida de un modo que sigue resultando misterioso.

Respuestas de la ciencia clásica a las preguntas básicas

➤ *¿Cómo sucedió el* Big Bang?
No se sabe.

➤ *¿Qué fue el* Big Bang?
No se sabe.

➤ *¿Cuál es la naturaleza de la energía oscura, la entidad que predomina en el cosmos?*
No se sabe.

➤ *¿Cuál es la naturaleza de la materia oscura, la segunda entidad predominante en el cosmos?*
No se sabe.

➤ *¿Cómo surgió la vida?*
No se sabe.

➤ *¿Cómo surgió la conciencia?*
No se sabe.

➤ *¿Cuál es la naturaleza de la conciencia?*
No se sabe.

➤ *¿Cuál es el destino del universo? Por ejemplo, ¿se seguirá expandiendo?*
Parece que sí.

➤ *¿Por qué son las constantes de la manera que son?*
No se sabe.

➤ *¿Por qué hay precisamente cuatro fuerzas?*
No se sabe.

➤ *¿Sigue experimentándose vida después de que el cuerpo muere?*
No se sabe.

➤ *¿Qué libro ofrece las mejores respuestas?*
No existe tal libro.

Muy bien, entonces, ¿qué *puede* decirnos la ciencia? Muchas cosas; hay bibliotecas llenas de conocimientos, todos ellos relacionados con clasificaciones y subclasificaciones de toda clase de objetos, vivos y no vivos, y categorizaciones sobre sus propiedades, tales como la ductilidad y fuerza del acero en contraposición a las del cobre, y de cómo se desarrollan sus procesos: cómo nacen la estrellas, por ejemplo, y cómo se replican los virus. En resumen, la ciencia intenta descubrir las propiedades y procesos que tienen lugar *dentro* del cosmos: cómo convertir los metales en puentes, cómo construir un avión, cómo poner en práctica la cirugía reconstructiva. La ciencia es inventora inigualable de todo aquello que nos hace la vida más fácil.

Por tanto, quienes le piden a la ciencia una respuesta, una explicación de los fundamentos de la existencia, están buscando en el lugar equivocado; es como pedirle a un físico de las partículas que evalúe una obra de arte. El problema es que los científicos no admiten que esto sea así. Ciertas ramas de la ciencia, tales como la cosmología, actúan como si tuviera efectivamente la respuesta a los interrogantes que plantean los campos de estudio más esenciales, y el éxito que ha obtenido en otras empresas, y que la ha hecho digna de prestigio y credibilidad, nos ha hecho a todos decir: «¡Venga, inténtalo!», pero, hasta el momento, ha tenido muy poco éxito, o ninguno.

La instantánea del cosmos que presenta la religión

Huelga decir que hay muchas religiones, y no vamos a entrar en sus interminables diferencias. Pero existen dos escuelas generales, cada una de ellas con miles de millones de adeptos, y son tan radicalmente distintas en cuanto a su perspectiva y a las metas que persiguen que merecen ser tratadas por separado.

Las religiones occidentales (cristianismo, judaísmo e islam)

El universo es enteramente creación de Dios, que existe separado de él. Tiene una fecha de nacimiento concreta, y tendrá un fin. La vida también es obra de Dios. Los propósitos más cruciales de la vida son dos: tener fe en Dios y obedecer sus normas, tales como los Diez Mandamientos y otras que se describen en la Biblia o el Corán, y que por lo general se consideran fuente única de la verdad. El cristianismo establece generalmente que es necesario además aceptar a Jesucristo como salvador, todo ello con la finalidad de experimentar el cielo (o la «salvación», como contraposición a ser condenado), pues lo que importa, en última instancia, es la vida futura. Dios, omnisciente, omnipotente y omnipresente, es el creador y sustentador del universo. Se puede establecer contacto con él a través de la oración. No se hace ninguna mención de otros estados de conciencia, ni de la conciencia en sí, ni tampoco de la experiencia personal directa de alcanzar la realidad suprema, excepto en ciertas corrientes místicas, en las que el estado de exaltación se denomina normalmente «unión con Dios».

Respuestas de las religiones occidentales a las preguntas básicas

➤ *¿Cómo apareció Dios?*
No se sabe.

➤ *¿Es Dios eterno?*
Sí.

➤ *¿Qué debemos pensar sobre las indagaciones básicas de la ciencia (por ejemplo, qué había antes del Big Bang?)*
No es relevante desde el punto de vista espiritual; Dios lo creó todo.

➤ *¿Cuál es la naturaleza de la conciencia?*
No se habla de ello; no se sabe.

➤ *¿Se experimenta vida después de que el cuerpo muere?*
Sí.

Las religiones orientales (budismo e hinduismo)

Todo es fundamentalmente Uno. La verdadera naturaleza de la realidad es la existencia, la conciencia y la dicha. La apariencia de formas individuales separadas es ilusoria, y recibe el nombre de *maya* o *samsara*. El Uno es eterno, perfecto, y opera sin ningún esfuerzo. Uno de sus aspectos es un Dios omnisciente y omnipotente, que se acepta, o es elemento clave, en la mayoría, pero no en todas, las ramas del hinduismo y el budismo. El tiempo es ilusorio. La vida es eterna; la mayoría de las corrientes creen que esto sucede a través de la reencarnación, aunque otras (por ejemplo, la corriente Advaita Vedanta) sostienen que no ocurren en realidad ni el nacimiento ni la muerte. La meta de la vida es percibir la verdad cósmica, abandonando para ello la sensación falsa de ilusión y separación por medio de la experiencia extática directa, llamada nirvana, iluminación o realización.

Respuestas de las religiones orientales a las preguntas básicas

➤ *¿Qué fue el Big Bang?*
Es irrelevante. El tiempo no existe; el universo es eterno.

➤ *¿Cuál es la naturaleza de la conciencia?*
Es imposible conocerla por medio de la lógica.

➤ *¿Persiste la experiencia de la vida después de que el cuerpo muere?*
Sí.

La instantánea del cosmos que presenta el biocentrismo

No existe un universo físico separado e independiente de la vida y de la conciencia. Nada no percibido es real. Jamás hubo un tiempo en el que existiera un universo físico externo y falto de inteligencia, ni un tiempo, posteriormente, en el que la vida brotara de dicho universo por azar. El espacio y el tiempo existen solo como constructos de la mente, como herramientas de percepción. Los experimentos en los que el observador influye en el resultado son fáciles de explicar si se considera la interrelación de la conciencia y el cosmos físico. Ni la naturaleza ni la mente son irreales; ambas son correlativas. No se adopta ninguna postura con respecto a Dios.

Consideremos una vez más los siete principios que hemos establecido:

Primer principio del biocentrismo: Lo que percibimos como realidad es un proceso que exige la participación de la conciencia.

Segundo principio del biocentrismo: Nuestras percepciones exteriores e interiores están inextricablemente entrelazadas; son las dos caras de una misma moneda que no se pueden separar.

Tercer principio del biocentrismo: El comportamiento de las partículas subatómicas —en definitiva, todas las partículas y objetos— está inextricablemente ligado a la presencia de un observador. Sin la presencia de un observador consciente, existen, como mucho, en un estado indeterminado de ondas de probabilidad.

Cuarto principio del biocentrismo: Sin conciencia, la «materia» reside en un estado de probabilidad indeterminado. Cualquier universo que pudiera haber precedido a la conciencia habría existido solo en un estado de probabilidad.

Quinto principio del biocentrismo: Solo el biocentrismo puede explicar la estructura del universo. El universo está perfectamente ajustado para que en él haya vida, lo cual tiene verdadero sentido, ya que la vida crea al universo, y no al contrario. El universo es sencillamente la lógica espaciotemporal completa del ser.

Sexto principio del biocentrismo: El tiempo no tiene existencia real fuera de la percepción sensorial animal. Es el proceso mediante el cual percibimos los cambios del universo.

Séptimo principio del biocentrismo: El espacio, al igual que el tiempo, no es un objeto. El espacio es otra forma de nuestro entendimiento animal y carece de realidad independiente. Llevamos el espacio y el tiempo con nosotros adondequiera que vamos, como hacen las tortugas con sus caparazones. Así pues, no hay una matriz absoluta con existencia propia e independiente de la vida en la que ocurran los acontecimientos físicos.

Respuestas del biocentrismo a las preguntas básicas

➤ *¿Qué creó el* Big Bang?

Nunca ha existido un universo inerte fuera de la mente. La «nada» es un concepto sin significado.

➤ *¿Qué existió antes, las rocas o la vida?*

El tiempo es una forma de percepción sensorial animal.

➤ *¿Qué es este universo?*

Un proceso activo basado en la vida.

Los *conceptos* que tenemos del universo son reminiscencia del globo terráqueo que todos tuvimos en clase, una herramienta que nos permite concebir la Tierra como un todo; sin embargo, el Gran Cañón del Colorado o el Taj Mahal solo son reales cuando uno está delante de ellos. El hecho de tener un globo terráqueo no significa que podamos llegar realmente al Polo Norte o al continente antártico. De la misma manera, el universo es un concepto, que utilizamos para representar todo lo que es teóricamente posible de experimentar en el espacio y en el tiempo. Es como un CD; la música únicamente cobra realidad cuando el láser lee una de las canciones.

Un tema que puede surgir con el biocentrismo es el solipsismo: la noción de que todo es uno, de que una sola conciencia lo impregna todo y de que la apariencia de individualidad es real solamente en el nivel relativo, pero no es esencialmente verdad. Nosotros no insistimos en esto y concedemos que puede o puede no ser así. No cabe duda de que tiene mucho peso la apariencia o verosimilitud de que existan organismos separados, cada uno con su propia conciencia; y el punto de vista de los «muchos seres» domina abrumadoramente la creencia del público en todas las partes del mundo, tanto que puede parecer una locura considerar cualquier perspectiva contraria.

Aun así, asoman por las grietas de todas las disciplinas molestos indicios de que «Todo es Uno» —la aplicabilidad universal de numerosas constantes y leyes físicas, la insistencia de mucha gente, en todas las culturas y a lo largo de la historia, en haber tenido una «experiencia reveladora» que no dejaba «ninguna duda» de que Todo es Uno—. Solo podemos estar *seguros* de una cosa: de nuestras percepciones, de nada más. Entonces, también la conexión demostrada en las correlaciones EPR de la teoría cuántica, según las cuales objetos separados por distancias enormes siguen estando íntimamente conectados, tiene pleno sentido si el solipsismo es verdad. Así pues, tenemos la ocasional experiencia subjetiva, declaraciones de revelación mística, la unidad de constantes y leyes físicas, el fenómeno de las partículas entrelazadas y cierta estética atractiva (el tipo de estética a la que Einstein dio tanto crédito) que son pequeños indicios de esa unidad potencial, y que es, en definitiva, el motor tácito que se halla detrás del incansable empeño de los físicos por dar con una gran teoría unificada. En cualquier caso, puede que sea verdad, y puede que no. Si lo es, será un apoyo para el biocentrismo; si no lo es, da igual.

Volviendo a las diversas perspectivas que existen del mundo, está claro que el biocentrismo es distinto de los modelos anteriores. Tiene en común con la ciencia clásica la creencia de que los estudios del cerebro, el afán por entender la conciencia científicamente y gran parte del trabajo de la neurobiología experimental ayudarán a que se expanda nuestra comprensión del cosmos. Por otra parte, tiene también similitud con *algunos* principios de determinadas religiones orientales.

Si para algo puede resultarnos de verdad valioso el biocentrismo es para ayudarnos a decidir en qué *no* perder el tiempo —es decir, a tener en cuenta cuáles son las áreas en las que, como el biocentrismo sugiere, nuestro empeño por entender mejor el universo como un todo pueda resultar inútil—. No hay la menor duda de que las «teorías del todo» que no toman en consideración ni la vida ni la conciencia nos conducirán en última instancia a un callejón sin salida, y aquí se incluye la teoría de las cuerdas. Los modelos que están estrictamente basados en el tiempo, tales como los estudios dirigidos a entender el *Big Bang* como el supuesto acontecimiento que hizo nacer el cosmos, nunca ofrecerán una respuesta ni una conclusión satisfactorias. El biocentrismo no está de ningún modo en contra de la ciencia; la ciencia que se dedica a los procesos o al desarrollo tecnológico es fuente de indecibles beneficios dentro de sus áreas de competencia específicas. Ahora bien, aquellos que se esfuerzan por dar respuestas profundas y trascendentales —a una población que sigue necesitándolas desesperadamente— al final deberán optar por alguna forma de biocentrismo, si realmente quieren hallar esas respuestas.

LA CIENCIA FICCIÓN SE HACE REALIDAD 17

Ofrecer una nueva forma de concebir el cosmos siempre ha significado batallar con la inercia de la mentalidad general existente en cualquier cultura. Todos compartimos una misma forma de pensar, que se ha extendido como un virus gracias a los libros, la televisión y, ahora, Internet. El modelo que tenemos de la realidad se originó, con un formato más basto, hace varios siglos, pero no alcanzó su forma actual hasta mediados del xx. Antes de eso, parecía plausible que el universo hubiera sido siempre más o menos como es ahora —lo cual significaba que el cosmos era eterno—. Hasta entonces, este modelo estático tenía un gran atractivo desde el punto de vista filosófico, pero empezó a tambalearse cuando Edwin Hubble anunció la expansión del universo en 1930 y se hizo ya insostenible cuando en 1965 se descubrió el fondo cósmico de microondas, o radiación cósmica de fondo —descubrimientos, ambos, que apuntan con decisión a un *Big Bang* natal.

Un *Big Bang* significa que el universo nació, y que por lo tanto algún día debe morir, aunque nadie sepa si éste es solo uno de tantos ciclos temporales que se repiten interminablemente, o incluso si concurren otros universos a la vez. Así pues, no se puede probar que no exista la eternidad.

El cambio anterior a este que supuso la instauración del modelo actual había sido todavía más drástico, ya que sustituyó un universo divino, cuyo funcionamiento estaba totalmente en manos de Dios o de los dioses, por un universo hecho de material zafio, animado exclusivamente por una acción aleatoria semejante a la de las piedras que caen rodando por la ladera de una montaña.

Como un hilo que corría a través de todo ello, sin embargo, existió siempre un punto de vista colectivamente aceptado sobre dónde podían encontrarse los componentes del universo, la relación entre lo vivo y lo no vivo, y su estructura global. Desde principios del siglo XIX, por ejemplo, tanto los científicos como el público imaginaban que la vida residía solo en la superficie de los cuerpos celestes, incluso la Luna, y hasta mediados de la década de 1800, muchos científicos, entre ellos el eminente astrónomo William Herschel, creyeron «probable» que hubiera criaturas de apariencia humana habitando incluso el Sol, protegidas de sus nubes supuestamente ardientes y luminosas por una segunda capa interior de nubes aislantes. Los escritores de ciencia ficción se apropiaron de esta obsesión del siglo XIX con la vida extraterrestre y, sirviéndose de ella, produjeron una nutrida serie de novelas de invasores venidos de Marte y otros temas por el estilo, que con el tiempo se abrieron camino hasta cualquiera que fuera el medio de entretenimiento disponible en cada momento, desde libros y revistas hasta películas y seriales radiofónicos, y finalmente la televisión.

Este tipo de obras de ficción tiene un inmenso poder para moldear la mentalidad de una cultura. Hasta que Julio Verne y otros escribieron en el siglo XIX sobre seres humanos que viajaban a la Luna, esta había sido una idea demasiado fantástica como para difundirla abiertamente. Para la década de 1960, sin embargo, los viajes espaciales tripulados por el hombre eran ya un tema de ciencia ficción tan común que el público fue una presa fácil, y los ciudadanos estuvieron de acuerdo en soltar sus dólares de contribuyentes para hacer realidad la ficción durante los gobiernos de Kennedy, Johnson y Nixon.

Con frecuencia, la ciencia y la ciencia ficción —y no la religión ni la filosofía— suelen ser, por tanto, los primeros medios a través de los cuales el público visualiza la estructura del universo. Para principios del siglo XXI, pocos eran los que no expresaban su confianza en que todo comenzó con una titánica explosión mucho tiempo atrás, en que el tiempo y el espacio eran reales, en que las galaxias y las estrellas estaban terriblemente lejanas, en que el universo era esencialmente igual de obtuso que la grava y en que reinaba la aleatoriedad. Más solidez aún tiene la idea de que cada persona es una forma de vida aislada que se enfrenta a una realidad externa, y de que no hay ningún tipo de interconexión tangible entre organismos. Estos son los principales modelos de realidad actuales.

Las primeras películas de ciencia ficción, anteriores a 1960, se ajustaban a la mentalidad del momento. Cuando presentaban a los alienígenas —uno de los temas aún más populares—, lo normal era que saludaran desde la superficie de los planetas. Al parecer, el guion exigía que tuvieran una apariencia humanoide, como por ejemplo los klingons de *Star Trek*, y preferiblemente un idioma —y, ya puestos, *nuestro* idioma (e incluso nuestro dialecto)—, porque el silencio excesivo hace muy difícil mantener el interés cinematográfico. Si se mostrara a estos organismos como simples masas informes de luz, digamos, sus apariciones tendrían que ser siempre muy breves.

Varios de los argumentos más famosos sobre alienígenas presentan al humano que se enamora del no humano, como es el caso de varios apuestos cilones de *Battlestar Galactica* o de la vieja serie televisiva *Mork & Mindy*, así como al héroe solitario, o adorable inadaptado, que es el único que sabe sobre la invasión extraterrestre o es capaz de salvar al mundo de ella.

Generalmente, los alienígenas de la ciencia ficción tienen motivaciones malvadas, en lugar de mostrar intenciones benévolas como la de salvar a la humanidad de sus tendencias destructivas, de sus frecuentes guerras o de las inútiles dietas crónicas. En las últimas dos décadas, otro argumento, ya cansino, ha empezado a repetirse con apenas ligeras variaciones: los seres humanos que luchan contra sus propias máquinas que están fuera de control. Aunque es cierto que cualquiera que haya tenido que pelearse con un cortacésped reacio a arrancar puede sentirse identificado con la idea antimáquina, y probablemente albergue ya algún tipo de recelo contra una serie de artilugios, tales sentimientos han alcanzado actualmente un nivel de cliché en las series de *Terminator*, en *Yo, Robot* y en la trilogía de *Matrix* —y no parece haber un final a la vista—. Como consecuencia, todo el mundo tiene ahora firmemente implantado en el cerebro que «robot es igual a malo», a modo de mensaje subliminal, y será un auténtico reto para los futuros diseñadores de máquinas de indiscutible utilidad hacer que parezcan tanto obsequiosas como estúpidamente inofensivas.

La mayoría de los argumentos restantes podrían contarse con los dedos de una mano. Están el tema de «la tripulación perdida en el espacio», el de la plaga que puede aniquilar la Tierra y el de la vileza del gobierno de Estados Unidos, en los que cualquier cosa que suceda es debida a que un proyecto secreto se ha ido al traste, o ha caído en manos de un espía disidente o de una agencia militar que realiza peligrosos experimentos no autorizados.

Lo que no habíamos visto en la ciencia ficción anterior a 1955 era que se tratara la realidad en sí, ni de hecho, nada verdaderamente original que pudiera poner en tela de juicio la concepción del mundo aceptada y predominante: los alienígenas eran organismos llegados de un planeta, nunca eran el propio planeta ni un campo de energía; el universo se nos presentaba como algo externo y vasto, y no interno e interconectado; la vida era siempre finita, el tiempo siempre real y los acontecimientos únicamente fruto de accidentes mecanicistas, y no de una inteligencia cósmica innata; y en lo referente a un posible papel cuántico del observador, cuya presencia influyera en la concreción de los objetos inanimados, olvidémoslo.

Las cosas empezaron a cambiar alrededor de 1960, sobre todo con *Solaris* (1961), obra en la que el planeta en sí estaba vivo. Luego llegaron las consecuencias ultraimaginativas de la revolución psicodélica de los años 1960 y 1970, y hubo una mayor divulgación de las obras de ciencia ficción más vanguardistas, de escritores tales como C. Clarke y Ursula K. Le Guin, así como un repentino, aunque marginal, interés por la filosofía oriental.

Este abandono de la forma tradicional de pensar en lo referente a la naturaleza del universo comenzó probablemente con el renacer del tema de los viajes a través del tiempo, que siempre había sido uno de los temas favoritos de la ciencia ficción. Hasta la década de 1960, había significado una mera excursión a un período diferente de la vida americana o inglesa (y sigue siendo un argumento popular hoy día), como hemos visto en las diferentes partes de *Regreso al futuro* o, si queremos viajar en la dirección contraria, en la versión original y la más reciente de *La máquina del tiempo*, de H. G. Wells. Muchas veces, en las películas que giraban en torno al tema del tiempo no existía tal viaje, sino que la historia sencillamente transcurría en una era futura, lo cual solía combinarse con cierta temática social, como veíamos en *La fuga de Logan*.

Pero —volviendo a los temas del biocentrismo— las películas que cuestionaban la propia validez del tiempo empezaron a aparecer en los años 1970. En la película *Contact*, basada en la novela de Carl Sagan del mismo título, nos encontramos con la delicia relativista de ver cómo el tiempo pasa en un abrir y cerrar de ojos para los científicos que trabajan en el experimento, mientras la viajera —papel que interpreta Jodie Foster— vive simultáneamente días de aventuras en otro mundo. Y, asimismo, la cualidad equívoca del tiempo fue el tema principal de películas como *Peggy Sue se casó*, en la que un adulto revive su infancia. Todos estos argumentos han permitido que el concepto de tiempo como factor sospechosamente poco fiable fuera penetrando poco a poco en la sesera del público.

En ese mismo catálogo de la ciencia ficción, se ha introducido también la idea de una realidad basada en la conciencia. *Memento* nos mostraba, por ejemplo, al protagonista lidiando con múltiples niveles de tiempo, al igual que lo hacía *Corre, Lola, corre*, en la que se había incorporado además la explicación de «los muchos mundos» dada por la teoría cuántica —según la cual todas las posibilidades ocurren pese a que solo seamos conscientes de una de ellas—, aunque los resultados secuenciales de la película se presenten sin explicación de su genealogía física.

Por consiguiente, la mesa está ya preparada en la mente del público para que el biocentrismo dé el salto a la realidad de que todo está *solo* en la mente, de que el universo no existe en ninguna otra parte.

Por lo tanto, aunque la perspectiva biocéntrica haya estado hasta ahora ausente de las clases de ciencia, de la religión o de la forma de pensar general, el hecho de que recientemente se hayan entretejido algunas de sus tesis en la ciencia ficción debería hacerlo parecer no tan ajeno o tan completamente extraño a cualquier experiencia que nos resulte familiar. Se dice que los chistes populares se autorreplican, como los virus, y que se extienden entre la comunidad sin ningún esfuerzo y fuera del control humano; es casi como si tuvieran vida propia. En el caso de las ideas revolucionarias, con frecuencia ocurre lo mismo. No solo son atractivas, sino también pegadizas, auténticamente contagiosas. Así, mientras Galileo se exasperaba al no encontrar prácticamente a nadie que estuviera dispuesto ni tan siquiera a mirar por su telescopio, para ver por sí mismo que la Tierra no era el centro estacionario de todo movimiento, el problema pudo haberse debido, al menos en parte, a que el concepto no hubiera alcanzado aún el nivel de «contagio» en el que pudiera autorreplicarse.

Por el contrario, gracias a que la ciencia ficción ha hecho enormemente populares muchas ideas de carácter biocéntrico, puede que el momento del biocentrismo esté muy próximo. Cuando a los escritores de ciencia ficción inconformistas se les ocurra la idea de explotar las extrañas realidades recién establecidas y que todavía no han sondeado —ya se trate del entrelazado o de que el pasado se modifique por decisiones que se toman en el presente, o del propio biocentrismo—, el ciclo se completará con algo verdaderamente nuevo para los aficionados a la ciencia ficción. El éxito engendra éxito, y las nuevas ideas tal vez penetren con rapidez en la conciencia colectiva, como fue el caso de los viajes espaciales, imposibles de concebir no hace tanto tiempo. Y, para cuando queramos darnos cuenta, estaremos en una era de pensamiento nuevo.

Y todo, a causa de nuestra humana atracción por la ciencia y por el universo de ficción.

EL MISTERIO DE LA CONCIENCIA 18

Ser conscientes de que percibimos [...]
es ser conscientes de nuestra existencia.

ARISTÓTELES (384-322 A. DE C.)

N ada representa para la ciencia un problema tan indescifrable como la conciencia, pese a ser uno de los principios clave del biocentrismo. No hay nada más íntimo que la experiencia consciente, ni nada más difícil de explicar. «En estos últimos años, todo tipo de fenómenos mentales —dice el investigador de la conciencia David Chalmers, de la Australian National University— han cedido a la investigación científica, pero la conciencia se ha resistido con terquedad. Muchos han tratado de explicar lo que es, pero las explicaciones siempre parecen fallar el blanco. Hay quienes han llegado a la conclusión de que es un problema intratable, y de que no hay manera humana de dar una explicación plausible.»

Continuamente aparecen nuevos libros y artículos sobre la conciencia, algunos con títulos tan atrevidos como el famoso *La conciencia explicada*, del investigador de la Universidad Tufts, de Massachusetts, Daniel Dennett. Utilizando lo que él llama método «heterofenomenológico», que trata los informes de la introspección no como prueba en la que basarse para explicar la conciencia, sino como datos que explicar, argumenta que «la mente es un efervescente cúmulo

183

de procesamientos paralelos carentes de supervisión». Desgraciadamente, si bien es cierto que el funcionamiento cerebral parece realmente procesar incluso las tareas menos complicadas, como la visión, sirviéndose de múltiples vías simultáneamente, se diría que Dennett no ha sido capaz de llegar a ninguna conclusión útil sobre la naturaleza de la conciencia, a pesar del ambicioso título del libro. Prácticamente al final de su interminable volumen, el autor reconoce, casi como una idea de último momento, que la experiencia consciente es un completo misterio. No es de sorprender que otros investigadores se hayan referido a la obra como «La conciencia ignorada».

Dennett se une así a una larga lista de investigadores que han ignorado todos los misterios fundamentales de la experiencia subjetiva y se han limitado a hablar de los aspectos más superficiales o más fáciles de tratar, aquellos que se prestan a ser investigados por los métodos clásicos de la ciencia cognitiva y que es posible, o potencialmente posible, explicar mediante el estudio de los mecanismos neuronales y la estructura cerebral.

Chalmers, uno de los detractores de Dennett, ha caracterizado personalmente los llamados «problemas sencillos» que plantea la conciencia y ha incluido «los que consisten en explicar los siguientes fenómenos:

> ➢ la capacidad de discernir y categorizar los estímulos medioambientales y reaccionar a ellos
> ➢ la integración de la información mediante un sistema cognitivo
> ➢ la capacidad de informar sobre los estados mentales
> ➢ la capacidad que tiene un sistema para acceder a sus propios estados internos
> ➢ el foco de atención
> ➢ el control deliberado del comportamiento
> ➢ la diferencia entre estar despierto y estar dormido».

Puede que algunos consideren que los puntos recién mencionados representan la totalidad del tema que nos ocupa. Pero, aunque quizá sea posible que la neurobiología consiga resolver todos esos aspectos un día, ninguno de ellos representa lo que tanto el biocentrismo como muchos filósofos e investigadores neurológicos entienden por conciencia.

Siendo consciente de esto, Chalmers comenta algo muy obvio: «El auténtico problema que plantea la conciencia es el problema de la *experiencia*. Cuando pensamos y percibimos, existe por una parte el ronroneo que produce el procesamiento de la información, pero hay además un aspecto *subjetivo*. Ese aspecto subjetivo es la experiencia. Cuando vemos, por ejemplo, *experimentamos* sensaciones visuales [...] Después están las sensaciones corporales, desde el dolor hasta el orgasmo; las imágenes mentales que ideamos en nuestro interior; la cualidad conmovedora de la emoción, y la experiencia de un flujo de pensamiento consciente. Pero el hecho de que estos sistemas sean sujetos de la experiencia nos deja perplejos [...] Está generalmente aceptado que la experiencia tiene una base física, pero no somos capaces de dar una explicación plausible de por qué o cómo surge. ¿Qué razón puede haber para que un procesamiento físico haga surgir una rica vida interior? Desde un punto de vista objetivo, no parece que tenga razón de ser, y sin embargo eso es lo que ocurre».

Lo que hace que un problema relacionado con la conciencia sea fácil o difícil es lo siguiente: lo fácil se ocupa solo de la funcionalidad, o de los aspectos que tienen que ver con la ejecución, para lo cual los científicos únicamente tienen necesidad de descubrir qué parte del cerebro controla cada función, y pueden entonces sentirse satisfechos y decir legítimamente que han resuelto un área de función cognitiva. Dicho de otro modo, se trata de la tarea, relativamente sencilla, de descubrir los mecanismos. Por el contrario, el aspecto más profundo e infinitamente más frustrante de la conciencia o de la experiencia es muy difícil de aprehender, como puntualiza Chalmers, «precisamente porque no es un problema relacionado con la ejecución de las funciones. El problema sigue existiendo incluso aunque se explique la ejecución de todas las funciones relevantes.» Explicar cómo se discierne, integra y comunica la información neuronal no explica cómo se *experimenta*.

Un objeto —una máquina o una computadora— normalmente no tiene más principio explicativo u operativo que la física y la química de los átomos que lo componen. Hace ya tiempo que empezamos a recorrer el largo camino de la fabricación de máquinas con tecnología avanzada y sistemas de memoria computarizados, con microcircuitos eléctricos y dispositivos de estado sólido que permiten realizar tareas con una creciente precisión y flexibilidad; tal vez un día incluso consigamos crear máquinas que coman, se reproduzcan y evolucionen, pero hasta que comprendamos el circuito exacto del cerebro que establece la lógica de las relaciones espaciotemporales, no podremos crear una máquina como Data, de *Star Trek*, o David, el niño robot de *Inteligencia artificial*.

El interés que sentía por la importancia de la cognición animal —y por cómo vemos el mundo— me llevó a la Universidad de Harvard a principios de los años 1980 para trabajar con el psicólogo B. F. (Fred) Skinner. El semestre pasó volando y fue más que agradable, en parte por las conversaciones con Skinner y en parte por los experimentos de laboratorio. Skinner no había hecho ninguna investigación en el laboratorio desde hacía casi veinte años cuando enseñó a las palomas a bailar unas con otras e incluso a jugar al *ping-pong*. Nuestros experimentos acabaron siendo un éxito y un par de artículos nuestros aparecieron en la revista *Science*. Los periódicos y revistas hicieron un jocoso uso de ellos, con titulares como «Conversación entre palomas: un triunfo para el cerebro de las aves» (*Time*), «Conversación simiesca: dos maneras de abordar al pájaro de Skinner» (*Science News*), «Las aves hablan con B. F. Skinner (*Smithsonian*), y «Científicos conductistas 'hablan' con palomas» (*Sarota Herald-Tribune*). Habían sido experimentos muy divertidos, como explicó Fred en el programa *Today*. Fue el mejor semestre que tuve en la Facultad de Medicina.

Fue también un comienzo muy auspicioso. Esos experimentos se correspondían a la perfección con la creencia de Skinner de que el yo es un «repertorio de comportamientos apropiados para una determinada serie de contingencias». Sin embargo, en los años que han transcurrido, he llegado a la conclusión de que hay cuestiones que la ciencia del comportamiento no puede resolver. ¿Qué es la conciencia? ¿Por qué existe? Dejar sin respuesta estas preguntas es como construir un cohete y lanzarlo hacia ninguna parte —capaz de hacer mucho ruido, y en sí todo un logro, pero que pone de manifiesto un vacío justo en su razón de ser—. Es una especie de blasfemia hacer estas preguntas, una especie de traición personal al recuerdo de aquel amable y a la vez orgulloso anciano que depositó en mí su confianza hace tantos años. Aun así, son asuntos que han quedado colgando en el aire, igual de tangibles, aunque no verbales, que la libélula, o que la larva que a un lado del camino emitía su luz verdosa. O tal vez el problema fueron los inútiles intentos que hizo la neurociencia por explicar la conciencia sirviéndose de fenómenos tales como una explícita representación neuronal.

Lo que los primeros experimentos querían dar a entender, por supuesto, era que la cuestión de la conciencia se resolvería algún día, una vez que conociéramos todas las conexiones sinápticas del cerebro. No obstante, el pesimismo siempre estuvo tácitamente al acecho. «Las herramientas de la neurociencia —escribe Chalmers— no pueden proporcionarnos el relato completo de la experiencia consciente, por mucho que tengan que ofrecer. [Tal vez] podría explicarse la conciencia con un nuevo tipo de teoría.» El caso es que en 1983, en un informe de la Academia Nacional de Ciencias, el Comité informativo de investigaciones de ciencia cognitiva e inteligencia artificial declaró que las cuestiones que trataba de elucidar «reflejan un solo gran misterio científico subyacente, y son de profundidad equiparable a intentar entender la evolución del universo, el origen de la vida o la naturaleza de las partículas elementales [...]».

Está claro que es un misterio. Pues si bien, por una parte, los neurocientíficos han desarrollado teorías que tal vez ayuden a explicar cómo se integran en el cerebro datos de distinta índole, para poder elucidar así, aparentemente, cómo se fusionan en un todo coherente los distintos atributos de un mismo objeto percibido —tales como la forma, el color o el olor de una flor—, y, por otra, algunos científicos, como Stuart Hameroff, argumentan que este proceso ocurre a un nivel tan esencialmente profundo que interviene en él un mecanismo de física cuántica, y hay también quienes, como Crick y Koch, creen que el proceso tiene lugar mediante la sincronización de células en el cerebro, el hecho en sí de que haya tan fundamental desacuerdo sobre algo tan básico es testimonio suficiente de la titánica tarea que tenemos por delante, si es que alguna vez llegamos a comprender la mecánica de la conciencia.

Como teorías, los estudios realizados en el último cuarto de siglo reflejan una parte del importante progreso que se está haciendo en el campo de la neurociencia y la psicología. El problema es que se trata solo de teorías de estructura y función; no nos dicen nada sobre cómo es que la ejecución de esas funciones va acompañada de una experiencia consciente, cuando la inmensa dificultad que tenemos para comprender la conciencia reside precisamente aquí, en esa brecha, en entender cómo es posible que nazca una experiencia subjetiva de un proceso físico. Incluso el premio Nobel de Física Steven Weinberg admite que la conciencia plantea un serio problema, y que, aunque tal vez tenga algún correlato neuronal, no parece que su existencia pueda derivarse de las leyes físicas. Como dijo Emerson, contradice a toda experiencia:

> En este caso, nos encontramos de repente, no en medio de una especulación crítica, sino en un lugar sagrado, y deberíamos avanzar con mucho cuidado y reverencia. Estamos ante el gran enigma del mundo, allí donde el Ser adopta Apariencia y la Unidad adopta Variedad.

De lo que Weinberg y otros que han meditado largamente sobre esta cuestión se quejan es de que, considerando toda la química y la física que conocemos, y considerando también la estructura neurológica del cerebro, su compleja constitución y su corriente constante de carga lenta, es más que sorprendente que el resultado sea... ¡este!: el mundo con su multiplicidad de vistas, olores y emociones; un sentimiento subjetivo de *ser*, de estar vivos, que todos albergamos tan continuamente que muy pocos le dedican siquiera un instante de pensamiento. No hay ningún principio de la ciencia —en ninguna de sus disciplinas— que insinúe o explique cómo es posible que, de aquello, obtengamos esto.

Muchos físicos aseguran que una «teoría del todo» está justo ahí, a la vuelta de la esquina; sin embargo, no dudarán en admitir que no tienen ni idea de cómo elucidar lo que Paul Hoffman, el antiguo editor de la *Enciclopedia británica*, calificó como «el mayor misterio de todos»: la existencia de la conciencia. No obstante, cualquiera que sea el grado —incluso mínimo— en que sus secretos se revelen, la disciplina que hasta el momento lo ha conseguido, y seguirá haciéndolo, es la biología. La física ha intentado entrar en este terreno, pero ha decidido que no está a su alcance. No puede dar ninguna respuesta.

El problema para la ciencia de hoy —como los investigadores de la conciencia descubren continuamente— es encontrar algo a lo que agarrarse, una pista que seguir, cuando todos los caminos hasta el momento conducen solo a la constitución neuronal y a qué secciones del cerebro son responsables de cada actividad. Saber qué partes del cerebro controlan el olfato, por ejemplo, no ayuda a desvelar la *experiencia* subjetiva del olfato —*por qué* un buen fuego tiene su aroma revelador—. Es, para la ciencia actual, una situación tan difícil y frustrante que muy pocos se toman la molestia de dar el primer paso. Debe de ser una sensación muy parecida a la que vivieron los griegos clásicos con respecto a la naturaleza del Sol. Todos los días cruza el cielo una bola de fuego. ¿Por dónde *empezaría* uno a averiguar su composición y naturaleza? ¿Qué pasos podría uno dar cuando faltan dos mil años para la invención y los principios del espectroscopio? «Deja que el hombre —dijo Emerson— encuentre la revelación de toda la naturaleza y todo el pensamiento en su corazón; esto es: que lo Supremo reside en él; que los orígenes de la naturaleza están en su propia mente.»

Ojalá los físicos hubieran respetado los límites de su ciencia como Skinner hizo con la suya. Como fundador del conductismo moderno, Skinner no intentó entender los procesos que tenían lugar dentro del individuo; tuvo la reserva y la prudencia de tratar a la mente como una «caja negra». Una vez, en una de nuestras conversaciones sobre la naturaleza del universo, sobre el espacio y el tiempo, dijo: «No sé cómo puedes pensar así. No sabría ni por dónde empezar a pensar en el espacio y el tiempo». Su humildad revelaba su sabiduría epistemológica; sin embargo, vi también en la suavidad de su mirada el desvalimiento que el tema provocaba en él.

Está claro que la respuesta a la cuestión de la conciencia no puede buscarse solo en los átomos y en las proteínas. Cuando estudiamos los impulsos nerviosos que entran en el cerebro, nos damos cuenta de que no están entretejidos automáticamente, no más de lo que lo está la información dentro de una computadora. Nuestros pensamientos y percepciones tienen un orden, no porque sea intrínsecamente suyo, sino porque la mente genera relaciones espaciotemporales que intervienen en toda experiencia. Incluso llevar la cognición un paso más lejos ideando un sentido para las cosas necesita que se creen relaciones espaciotemporales, las formas interna y externa de nuestra intuición sensorial. Es imposible que tengamos ninguna experiencia que no se amolde a dichas relaciones, ya que son modos de interpretación y comprensión —la lógica mental que moldea las sensaciones convirtiéndolas en objetos tridimensionales—. Sería un error, por tanto, concebir que la mente ha existido en el espacio y el tiempo antes de este proceso, que ha existido en el circuito cerebral antes de que la comprensión la sitúe en un orden espaciotemporal. La situación, como ya hemos visto, se asemeja a poner un disco. El CD contiene solo información; sin embargo, cuando encendemos el reproductor, la información de convierte de pronto en sonido plenamente dimensional. De ese modo, y solamente de ese, existe la música.

Deberían bastar las palabras de Emerson que afirman que «la mente es Una, y la naturaleza es su correlativa», pues, en realidad, la existencia consiste en la lógica de esta relación. La conciencia nada tiene que ver con la estructura o la función física per se. Es como la raíz del pinillo, que se extiende por la tierra a un centenar de lugares, derivando su existencia de la realidad de las percepciones acaecidas en el marco del tiempo y el espacio.

¿Y qué me decís de ese tema de ciencia ficción, uno de los favoritos, de máquinas que desarrollan una mente propia? «¿Podemos evitar preguntarnos —decía Isaac Asimov— si las computadoras y los robots no reemplazarán un día cualquier capacidad humana?». En la fiesta del ochenta cumpleaños de Skinner, me tocó un asiento al lado de uno de los más destacados expertos en inteligencia artificial. En cierto momento de la conversación, se volvió hacia mí y me preguntó:

—Tú que has trabajado codo con codo con Fred, ¿crees que algún día seremos capaces de duplicar la mente de una de vuestras palomas?

—¿Las funciones sensoriomotrices? Sí –respondí–. Pero no la conciencia; eso es imposible.

—No entiendo.

Pero Skinner acababa de subir al podio, y los organizadores le pidieron que dijera unas palabras. Era su fiesta, después de todo, y no parecía la ocasión más apropiada para que uno de sus antiguos alumnos entrara en una diatriba sobre la conciencia. Sin embargo, actualmente no dudo en decir que, hasta que hayamos comprendido la naturaleza de la conciencia, una máquina nunca podrá duplicar la mente de un ser humano, de una paloma, ni tan siquiera de una libélula. Para un objeto —una máquina, una computadora— no rigen más principios que los físicos; de hecho, solo gracias a la conciencia del observador existen los objetos en el tiempo y en el espacio. A diferencia del ser humano, los objetos no tienen la experiencia sensorial unitaria e imprescindible para la percepción y la conciencia de sí mismos, ya que eso debe ocurrir antes de que el entendimiento genere las relaciones espaciotemporales que intervienen en cada experiencia sensorial, antes de que se establezca la relación entre la conciencia y el mundo espacial.

La dificultad de conferir conciencia a una máquina debería resultarle obvia a cualquier persona que haya asistido a un parto y haya visto a un nuevo ser vivo con conciencia entrar en este mundo. ¿Cómo surge esa conciencia? Los hindúes creen que la conciencia o capacidad de sentir entra en el feto durante el tercer mes de embarazo. En realidad, para ser sinceros en lo que a la ciencia se refiere, debemos admitir que no tenemos ni idea de cómo *puede* surgir la conciencia —ni en un individuo, ni colectivamente, ni, por supuesto, cómo puede surgir de simples moléculas y electromagnetismo—. La pregunta, en realidad, es: ¿puede decirse que la conciencia *surja*? Se repite insistentemente que cada célula de nuestro cuerpo forma parte de un hilo continuo de células que empezaron a dividirse hace miles de millones de años; una sola e ininterrumpida cadena de vida. Pero ¿qué es la conciencia? Esta, más que ninguna otra cosa, ha de ser ininterrumpida. Aunque a la mayoría de la gente le gusta imaginar que el universo existía sin ella, si reflexionamos seriamente sobre eso, no tiene sentido. ¿Cómo empezó, entonces, la conciencia? ¿Cómo es posible que ocurriera algo así? Y ¿es esa pregunta menos enigmática que la de intentar imaginar cómo pudo surgir en una fecha posterior? ¿Es la *conciencia* sinónimo de *todo*?

Los grandes pensadores del pasado y del presente tienen razón: es el mayor misterio; comparado con él, cualquier otro misterio parece insignificante.

Y si por casualidad consideras que esto no es más que charla o filosofía barata, me gustaría recordarte que los argumentos relacionados con la influencia del observador han estado en el candelero de los círculos de física común durante tres cuartos de siglo. Los debates en torno al papel y la importancia del observador en el universo físico no son nada nuevo. Recordemos, por ejemplo, el famoso experimento teórico que propuso el experto cuántico australiano Erwin Schrödinger con el que intentaba demostrar lo ridículas que eran las supuestas consecuencias de emparejar la mente con la materia en los experimentos cuánticos.

Imaginad una caja herméticamente cerrada —decía— en la que tenemos un gato, y también un poco de materia radiactiva que podría o no dejar escapar una partícula. Ambas posibilidades existen y, según la interpretación de Copenhague, esos potenciales resultados no se hacen realidad hasta que son observados; solo entonces se colapsa la función de onda —como más tarde se denominaría— y se manifiesta la partícula..., o no. Bien, hasta aquí todo está en orden. Pero ahora colocad dentro de la caja un contador Geiger que pueda detectar la aparición de la partícula (en caso de que esa sea la posibilidad que se materialice).[1] Si el contador Geiger percibe la partícula, dispara automáticamente la caída de un martillo oscilante, que rompe el cristal de una ampolla llena de ácido clorhídrico. En ese caso, el gato moriría.

Según la interpretación de Copenhague, la emisión de la partícula radioactiva, el detector, el martillo y el gato se habrían unificado y formarían un único sistema cuántico; ahora bien, solo cuando alguien abra la caja existirá la observación que hará que toda la secuencia de acontecimientos dejen de ser una posibilidad y se conviertan en realidad.

Pero ¿qué podría significar esto?, preguntaba Schrödinger. ¿Deberíamos creer que si encontramos al gato muerto, pudriéndose, el animal se habría quedado suspendido en un estado de «todo es posible» hasta el momento en que se ha abierto la caja? ¿Que solo *parece* que lleva días muerto? ¿Que el gato estaba realmente muerto y vivo a la vez, como aseguraría la interpretación de Copenhague, hasta que alguien abriera la caja y se estableciera entonces la secuencia entera de los sucesos *pasados*?

Sí. Exactamente. (A menos que la conciencia del gato cuente como una observación, lo cual haría que la función de onda se colapsara al instante y no hiciera falta esperar a que un ser humano abriera la caja al cabo de los días.) En cualquier caso, esto es lo que todavía creen muchos físicos incluso hoy día. Del mismo modo, podemos mirar este universo, que parece que empezara con una gran explosión hace 13.700 millones de años y, sin embargo, eso es solo lo que vemos ahora, lo que *parece* haber sido una historia real. La teoría cuántica sostiene que únicamente podemos asegurar con total certeza una cosa: que el universo *tiene la apariencia* de haber existido durante muchos miles de millones de años; pues, de acuerdo con la mecánica cuántica, la certeza de nuestros conocimientos tiene serias e irrevocables limitaciones.

---

1. Contador Geiger: instrumento que permite medir la radiactividad de un objeto o lugar. (N. de la T.)

Pero si no hubiera ningún observador, no es simplemente que el cosmos no tendría apariencia alguna, lo cual empieza a resultar obvio. No, es más que eso; no existiría en absoluto. El físico Andrei Linde, de la Universidad de Stanford, asegura: «El universo y el observador existen como par. No puedo imaginar una teoría congruente del universo que ignore la conciencia. Hasta donde me alcanza el conocimiento, no podría decir en ningún sentido que el universo existiría en ausencia de sus observadores».

El eminente físico de la Universidad de Princeton John Wheeler lleva años insistiendo en que, al observar la luz de un lejano *quasar* que ha dado un giro alrededor de una galaxia situada en primer plano a fin de tener la posibilidad de aparecer a uno u otro lado de la misma, estamos realizando una observación cuántica, solo que a una escala inmensamente grande. Significa —insiste— que las mediciones hechas a ese bit de luz, determinan ahora el camino indeterminado que siguió hace miles de millones de años. El pasado se crea en el presente. Esto, por supuesto, recuerda a los experimentos cuánticos descritos en los primeros capítulos, en los que la observación de un electrón en este preciso instante determina el camino que su gemelo tomó en el pasado.

En 2002, la revista *Discover* envió a Tim Folger a la costa de Maine para hablar directamente con John Wheeler. Sus opiniones sobre la teoría antrópica y otros temas afines tenían todavía mucho peso dentro de la comunidad científica. Había hecho declaraciones tan provocativas que la revista decidió publicar su artículo bajo el título «¿Existe el universo si no lo miramos?», basándose en la dirección que había seguido durante la décima década de su vida. Le dijo a Folger que no tenía la menor duda de que el universo estaba lleno de «inmensas nubes de incertidumbre» que todavía no han interactuado ni con un observador consciente ni tan siquiera con algún montón de materia inanimada. En todos esos lugares, creía Wheeler, el cosmos es «una vasta área que contiene ámbitos en los que el pasado no es aún el pasado».

Como es posible que, llegados a este punto, sientas que la cabeza te da vueltas, démonos un respiro y retornemos a mi amiga Barbara, que está sentada cómodamente en su sala de estar con un vaso de agua en la mano y completamente segura de la existencia del vaso y de la suya propia. Su casa es como ha sido siempre, con sus cuadros colgados en las paredes, la estufa de hierro fundido y la vieja mesa de roble.

Se demora entre una habitación y otra. Nueve décadas de elecciones —platos, sábanas, cuadros, las máquinas y herramientas del taller, su carrera profesional— definen su vida.

Todas las mañanas abre la puerta delantera para recoger el *Boston Globe* o trabajar un rato en el jardín. Abre la puerta del porche trasero que da a un césped salpicado de molinetes que chirrían al girar y girar con la brisa. Ella tiene la creencia de que el mundo da vueltas tanto si abre la puerta como si no. No le afecta lo más mínimo que la cocina desaparezca mientras ella está en el cuarto de baño, que el jardín y los molinetes se desvanezcan mientras duerme, que el taller y todas sus herramientas dejen de existir mientras va al supermercado.

Pero cuando Barbara pasa de una habitación a la habitación contigua, cuando sus sentidos animales dejan de percibir la cocina —el sonido del lavavajillas, el tictac del reloj, los ruidos de las tuberías, el olor del pollo que se está asando en el horno—, la cocina y todos sus componentes, aparentemente individualizados, se disuelven en una fundamental nada energética u ondas de probabilidad. El universo cobra existencia gracias a la vida, y no a la inversa. O, lo que quizá sea más fácil de entender, existe una correlación eterna entre la naturaleza y la conciencia.

Por cada vida, o si se prefiere, la única vida, hay un universo que comprende «esferas de realidad». La forma y las peculiaridades se generan dentro de nuestra cabeza a partir de los datos sensoriales recogidos a través de los oídos, los ojos, la nariz, la boca y la piel. Nuestro planeta está compuesto por miles de millones de esferas de realidad, una confluencia interna/externa, una mezcla cuya magnitud es sobrecogedora.

Pero ¿es esto posible? Uno se despierta por la mañana y la cómoda está todavía al otro lado de la habitación, alejada del acogedor punto de la cama en el que uno se encuentra. Se levanta, se pone los mismos vaqueros y la misma camiseta que tanto le gustan y camina arrastrando las zapatillas hasta la cocina para hacer café. ¿Cómo puede alguien en su sano juicio sugerir que el gran mundo que hay fuera se construye en nuestras cabezas? Tal vez sean necesarias algunas analogías más.

Para aprehender más plenamente un universo de flechas detenidas en el aire y lunas que desaparecen, volvamos a la electrónica moderna y a las herramientas de percepción sensorial animal de que disponemos. Sabemos por experiencia que algo que hay dentro de la caja negra de un reproductor de DVD convierte un disco inanimado en una película. La electrónica del interior del aparato de DVD anima la información del disco y la convierte en un espectáculo bidimensional. Bien, pues del mismo modo, nuestro cerebro anima al universo. Podéis imaginar que el cerebro es como la electrónica que hay en el interior del reproductor de DVD.

Dicho de otro modo, en el lenguaje de la biología, el cerebro convierte los impulsos electroquímicos procedentes de nuestros cinco sentidos en una orden, una secuencia, un rostro, esta página, la habitación, el entorno..., en un todo tridimensional unificado. Transforma una corriente de información sensorial recibida en algo tan real que muy pocas personas se preguntan jamás cómo ocurre. Nuestras mentes son tan diestras en la creación de un universo tridimensional que rara vez nos preguntamos si el cosmos es otra cosa que lo que imaginamos que es. Nuestros cerebros clasifican, ordenan e interpretan las sensaciones que recibimos. Los fotones de luz, por ejemplo, que llegan del Sol cargados de fuerza electromagnética, por sí mismos no parecen nada; son bits de energía. Pero cuando miles de billones de ellos rebotan en los objetos que nos rodean, y algunos se reflejan en nuestra dirección, una diversidad de combinaciones de longitudes de onda entra en nuestro ojo desde todos y cada uno de los objetos. Una vez aquí, transmiten esa fuerza a miles de billones de átomos dispuestos en un exquisito diseño de varios millones de células de forma cónica que rápidamente se disparan en permutaciones demasiado vastas para que ninguna computadora las pueda calcular. Entonces, en el cerebro, aparece el mundo. La luz, que como vimos en el capítulo 3 no tiene color en sí misma, es ahora un mágico popurrí de formas y tonalidades. Un procesamiento paralelo que serpentea a través de las redes neuronales, a un tercio de la velocidad del sonido, le da sentido a todo; un paso necesario porque aquellos que han estado ciegos durante décadas pero que han recuperado la vista miran el mundo con confusión y cierta incredulidad, incapaces de ver lo que nosotros vemos ni de procesar de un modo útil la información sensorial que acaban de redescubrir.

Las visiones, las experiencias táctiles, los olores..., todas estas sensaciones se experimentan solo dentro de la mente; ninguna de ellas está «fuera», excepto la convención del lenguaje. Todo lo que observamos es la interacción directa de energía y mente, mientras que todo aquello que no observamos directamente existe solo como potencial, o, más matemáticamente hablando, como nube de probabilidad. «Nada —decía Wheeler— existe hasta que es observado.»

Podemos imaginar también que nuestra mente opera como el circuito impreso de una calculadora electrónica. Supongamos que has comprado una calculadora nueva y acabas de sacarla del envoltorio. Cuando tecleas 4x4, se exhibe de inmediato en la pequeña pantalla el número 16, a pesar de que nunca antes se hayan multiplicado esos números en ese aparato. La calculadora se atiene a una serie de reglas, lo mismo que nuestra mente. Siempre aparecerá el número 16, en una calculadora que funcione correctamente, cuando introduzcamos 4x4, 10+6 o 25-9. Y cuando salimos al exterior, es como si pulsáramos una nueva serie de números que determinan lo que «va a estar expuesto», ya sea la luna aquí o allá, cubierta por una nube, creciente o llena.

Las ies y las tes de la realidad física no llevan un punto o están cruzadas por una raya hasta que miramos al cielo. La luna tiene una existencia definida solo una vez que se la ha sacado del ámbito de la probabilidad matemática y ha entrado en la red de conciencia del observador. En cualquier caso, existe un espacio tan enorme entre los átomos que es igual de correcto llamar a la luna un espacio vacío que llamarla un objeto. No tiene solidez alguna; sigue siendo material cerebral.

Tal vez te sorprendas intentando echar un vistazo rápido a esa nube de probabilidad antes de que explote y tome forma, como un niño que mira rápidamente a hurtadillas la portada de *Playboy*. Sentimos la irresistible tentación de enfocar los ojos como dardos, o de girar la cabeza a la velocidad del rayo para conseguir esa mirada prohibida. Pero no se puede ver algo que no existe; es un juego vano.

Quizá algunos lectores piensen que todo esto no son más que tonterías, y argumenten que el cerebro no dispone en absoluto de la maquinaria que de verdad se necesitaría para crear la realidad física. Pero recuerda que los sueños y la esquizofrenia (piensa en la película *Una mente maravillosa*) demuestran la capacidad que tiene la mente para construir una realidad espaciotemporal igual de real que la que estás experimentando tú en este momento. Como médico, doy fe de que las visiones y sonidos que «ven» y «oyen» los pacientes esquizofrénicos son para ellos igual de reales que para ti esta página o la silla en la que estás sentado.

Es aquí donde, al fin, llegamos a las demarcaciones imaginarias de quienes somos, al límite boscoso donde, en palabras de los viejos cuentos de hadas, el zorro y la liebre se dan las buenas noches antes de separarse. Todos sabemos que mientras dormimos la conciencia disminuye, y disminuye también, por tanto, la continuidad en relación con momentos y lugares; es el fin del espacio y el tiempo. ¿Dónde nos encontramos entonces? En travesaños de escala que es posible intercalar en cualquier lugar, «lo mismo que —como lo expresó Emerson— los [cinco] días que Hermes ganó a la Luna en una partida de dados, para que en ellos naciera Osiris». Es verdad que la conciencia es solo la superficie de nuestras mentes, de las que, como de la Tierra, no conocemos más que la corteza. Por debajo del pensamiento consciente, podemos concebir estados neuronales inconscientes; pero de estas facultades, por sí mismas, aparte de su relación con la conciencia, no puede decirse que existan en el espacio y en el tiempo más de lo que existen en ellos una roca o un árbol.

Y en cuanto a sus límites, a sus fronteras, por así decirlo, ¿podemos decir que existen de cualquier forma imaginable, o es todavía más sencillo de lo que podemos imaginar? «Existe siempre la posibilidad —escribió Thoreau— [...] de serlo todo.»

¿Cómo puede ser verdad esto? ¿Cómo es posible que, al igual que en los experimentos que realizamos actualmente con electrones, una sola partícula pueda estar en dos sitios a la vez? ¿Ves el somorgujo en el estanque, la candelaria o el diente de león solitarios en el campo, la Luna, la Estrella Polar? ¿Cómo de engañoso es el espacio que los separa y los hace parecer solitarios? ¿Acaso no son sujetos de la misma realidad que tanto le interesaba a Bell, cuyo experimento respondió de una vez por todas a si lo que ocurre en un lugar está influenciado por acontecimientos que suceden en otros lugares?

La situación no se diferencia demasiado de aquella en la que Alicia se encuentra en el charco de lágrimas. Estamos convencidos de que no hay conexión alguna entre nosotros y los peces del estanque, ya que ellos tienen escamas y aletas y nosotros no. Sin embargo, el teórico Bernard d'Espagnat aseguró: «La no separabilidad es hoy día uno de los conceptos generales más ciertos de la física». Esto no significa que nuestras mentes, como las partículas del experimento de Bell, estén vinculadas de ninguna manera que pueda violar las leyes de la causalidad. Imaginemos dos detectores situados en lados opuestos del universo, mientras que de cierta fuente central salen volando fotones en dirección a ambos detectores. Si un experimentador cambiara la polarización de un rayo, podría influir con ello instantáneamente en los acontecimientos que tienen lugar a 10.000 millones de años luz de distancia. Pero esto no quiere decir que sea posible transmitir información del punto A al punto B, ni de un experimentador a otro mediante este proceso. Es algo que sucede estrictamente por sí mismo.

En este mismo sentido, una parte de nosotros está íntimamente conectada con los peces del estanque. Pensamos que hay un muro protector, una circunferencia que nos rodea, y sin embargo el experimento de Bell demuestra que existen vínculos de causa-efecto que trascienden nuestra clásica forma de pensar. «Los seres humanos imaginan que la verdad es algo remoto —escribió Thoreau—, que yace en los límites últimos del sistema, detrás de la estrella más distante, antes de Adán y después del último hombre [...] Pero todos estos tiempos, lugares y sucesos están aquí y ahora.»

LA MUERTE Y LA ETERNIDAD   19

*No es posible que la mente humana se destruya
por completo junto con el cuerpo, sino que
cierta parte de ella sobrevive, eterna.*

BENEDICTO DE SPINOZA, *Ética*

¿Cómo cambia nuestras vidas la concepción biocéntrica del mundo? ¿Cómo puede afectar a nuestras emociones de amor, miedo y angustia? Y, sobre todo, ¿cómo nos ayuda a hacer frente a nuestra mortalidad aparente y a la relación del cuerpo con la conciencia?

El apego a la vida y el consecuente miedo a la muerte es una preocupación universal, y, para algunas personas, una obsesión, como los replicantes de *Blade Runner* dejaban bien claro, de una manera muy poco amable, a todos aquellos que estuvieran dispuestos a escuchar. Aun así, en cuanto abandonamos la idea del cosmos aleatorio centrado en la física y empezamos a ver las cosas desde una perspectiva biocéntrica, la verosimilitud de una vida finita pierde todo su peso.

Lucrecio, el epicúreo, nos enseñó hace dos mil años que no debíamos tener miedo a la muerte; y la contemplación del tiempo y los descubrimientos de la ciencia moderna nos llevan a la misma aseveración: que la conciencia de la mente es la realidad última, suprema e ilimitada. ¿Muere, en ese caso, con el cuerpo?

Llegados a este punto, dejemos a un lado la ciencia durante un rato y contemplemos lo que el biocentrismo sugiere y hace posible, y no lo que es capaz de demostrar. Lo que viene a continuación es francamente especulativo, y, a la vez, más que un mero filosofar, dado que es una derivación lógica y sensata de un universo basado en la conciencia. Obviamente, aquellos que quieran atenerse estrictamente a «los hechos» no tienen la más mínima obligación de aceptar ninguna de estas conclusiones más bien provisionales.

Como Emerson lo describió en *The Over Soul* [El alma superior]: «En la mayoría de los hombres, la influencia de los sentidos ha eclipsado a la mente hasta tal punto que los muros del espacio y el tiempo parecen sólidos, reales e insuperables; y hablar con ligereza de estas limitaciones es en el mundo señal de demencia.»

Recuerdo el día en que me di cuenta de esto. Asomaba por la esquina el tranvía y, según avanzaba, saltaban chispas de él. Se oía el rechinar de las ruedas metálicas y el tintineo de algunas monedas. A veces dando tumbos y a veces deslizándose, la gigantesca máquina eléctrica iba camino a mi pasado, retrocediendo bloque a bloque a través de las décadas, cruzando los límites del Boston metropolitano hasta llegar a Roxbury. Allí, al pie del cerro donde, para mí, había empezado la universidad, tuve la esperanza de encontrar una serie de iniciales grabadas en la acera o en un árbol, o tal vez un viejo juguete oxidado que pudiera guardar en una caja de zapatos como prueba de mi inmortalidad.

Pero cuando llegué, vi que las excavadoras habían estado allí, aunque ya se habían marchado. La ciudad, al parecer, había reclamado algunas hectáreas de barriada; la casa donde viví, las casas contiguas en las que jugaban mis amigos, y todos los jardines y árboles de los tiempos en que había vivido allí, todo aquello había desaparecido. Sin embargo, aunque hubieran sido borrados del mundo, en mi mente seguían en pie, resplandecientes como una heliografía bajo el sol, superpuestos al escenario que tenía delante. Me abrí camino entre los escombros y los restos de una estructura imposible de identificar. Aquel día de primavera —que algunos de mis colegas pasarían en el laboratorio haciendo experimentos y otros, absorbidos en la contemplación de agujeros negros y ecuaciones—, me senté en un solar vacío sufriendo por la naturaleza indefinida y perversa del tiempo. No es que nunca hubiera visto caer una hoja o cómo un rostro hermoso envejecía, pero, estando allí, tal vez tuviera la fortuna de toparme con un pasadizo oculto que me llevara más allá de la naturaleza conocida a una realidad eterna, y subyacente al flujo de las cosas.

Tanto Albert Einstein, en *Annalen der Physik*, como Ray Bradbury, en su obra maestra *Dandelion Wine*,[1] eran conscientes de la magnitud del dilema.

> — [...] Yo también tuve diez años y fui tan tonta como vosotros.
> Las dos niñas se rieron. Tom se movió intranquilo.
> —Está burlándose de nosotras –dijo Jane con una risita–. Nunca tuvo realmente diez años, ¿no es cierto, señora Bentley?
> —¡Fuera de aquí! –gritó la mujer de pronto, pues no soportaba ya las miradas de los niños–. No tolero esas risas.
> —Y no se llama Helen realmente.
> —¡Claro que me llamo Helen!
> — Adiós –dijeron las dos niñitas, alejándose por el jardín, bajo océanos de sombra. Tom las siguió lentamente–. ¡Gracias por los helados!
> —¡Una vez jugué a la rayuela! –gritó la señora Bentley, pero los niños se habían ido.

De pie entre los escombros de mi pasado, parecía algo en verdad extraordinario que, como la señora Bentley, yo estuviera en el presente, que mi conciencia, como la brisa que serpenteaba por el descampado arrastrando las hojas a su paso, se deslizara por el borde del tiempo.

> —Querida mía –había dicho el señor Bentley–, nunca entenderás el tiempo, ¿no es verdad? [...] Cuando tienes nueve años, piensas que siempre tendrás nueve años. Cuando tienes treinta, imaginas que te quedarás ahí, a orillas de la edad madura. Y cuando llegas a los setenta, que tendrás eternamente setenta. Estás en el presente, atrapada en un ahora joven o viejo, pero no hay otro ahora.

La observación que hace el señor Bentley no es tan trivial. ¿Qué tipo de tiempo es el que separa a un hombre de su pasado —el que separa un ahora del siguiente— y, a la vez, da continuidad al hilo de la

---

1. *El vino del estío*. Fragmentos tomados de la versión en castellano. Barcelona: Minotauro, 2006. Abelenda, Francisco, tr. (N. de la T.)

conciencia? Los ochenta son el último «ahora», decimos, pero quién sabe si ese tiempo y ese espacio —el ahora visto como formas de intuición, más que como entidades independientes e inmutables— no son en realidad un «siempre». Un gato, incluso cuando está enfermo de muerte, mantiene los ojos en calma y muy abiertos, enfocados en el caleidoscopio siempre cambiante del aquí y el ahora. No tiene ningún pensamiento sobre la muerte, y por tanto no la teme. Lo que tenga que ser, será. Creemos en la muerte porque nos han dicho que un día moriremos. Y también, claro está, porque la mayoría de nosotros nos identificamos con el cuerpo, y sabemos que los cuerpos mueren; se acabó.

Por más que las religiones hablen y hablen sobre la vida futura, ¿cómo sabemos que lo que dicen es verdad? Los físicos pueden asegurar que la energía nunca se pierde, y que nuestros cerebros, nuestras mentes y, por consiguiente, el sentimiento de estar vivos funcionan con energía eléctrica, luego es sencillamente imposible que esa energía, como todas las demás, se desvanezca, y punto. Pero, si bien es cierto que todo esto suena intelectualmente bonito y esperanzador, ¿cómo podemos estar seguros de que seguiremos experimentando este *sentimiento* de vida..., ese misterio que los neurocientíficos tan inútilmente intentan resolver, como ese interminable pasillo de los sueños, que se estira y es cada vez más largo cuanto más corremos por él?

En la perspectiva biocéntrica del intemporal e ilimitado cosmos de la conciencia, no hay cabida, en ningún sentido, para una verdadera muerte. Cuando un cuerpo muere, no lo hace en la matriz aleatoria de las bolas de billar, sino en la matriz donde todo-sigue-siendo-ineludiblemente-vida.

Los científicos creen que pueden establecer dónde empieza y termina la individualidad, y nosotros solemos rechazar generalmente los múltiples universos de *Stargate*, *Star Trek*, *Matrix* y otros casos de ficción parecidos. Pero resulta que hay más que una pequeña porción de verdad científica en este popular género cultural, y que no podrá sino acelerarse con el inminente cambio de nuestra forma de concebir el mundo, pasando de la creencia de que el tiempo y el espacio son entidades dentro del universo a la creencia de que el tiempo y el espacio les pertenecen solo a los vivos.

Nuestra actual concepción científica del mundo no ofrece ninguna escapatoria a quienes tienen miedo a la muerte. Pero ¿por qué estamos aquí ahora, aparentemente colgando por casualidad del cortante filo del infinito? La respuesta es muy simple: ¡la puerta *nunca* se cierra! La posibilidad matemática de que nuestra conciencia termine es cero.

La experiencia lógica cotidiana nos sitúa en un medio en el que los objetos, definidos, vienen y van, y todo nace en uno u otro momento. Ya se trate de un lápiz o de un gatito, vemos que unos elementos entran en el mundo y que otros se disuelven o se desvanecen. La lógica es un tapiz tejido con todos esos comienzos y finales. En cambio, todas aquellas entidades que son intemporales por naturaleza, tales como la belleza, el amor, la conciencia o el universo como un todo, siempre han quedado fuera de la fría garra de la limitación. Así pues, el Gran Todo, que ahora sabemos que es sinónimo de conciencia, difícilmente podía encajar dentro de la categoría de lo efímero. El instinto se une a cualquiera que sea la ciencia que podamos emplear, y afirma que es así, incluso aunque ningún argumento —qué lástima— pueda demostrar la inmortalidad para satisfacción de todos.

Ciertamente, nuestra capacidad para recordar el tiempo infinito es insignificante porque, dentro de la red neuronal, la memoria es un circuito especialmente limitado y selectivo. Tampoco, por definición, podríamos recordar un tiempo de nada: tampoco para eso contamos con ninguna ayuda.

El concepto de eternidad es verdaderamente fascinante, pues no indica una existencia perpetua en el tiempo, una existencia sin fin. Eternidad no significa una secuencia temporal ilimitada, sino que existe totalmente *fuera del tiempo*. Las religiones orientales han defendido durante miles de años que el nacimiento y la muerte son igual de ilusorios. (O, al menos, sus enseñanzas fundamentales lo han hecho. Hay luego en todas las religiones nociones más periféricas para las masas, que en los movimientos religiosos orientales incluyen la reencarnación.) Dado que la conciencia trasciende al cuerpo, y dado que lo *interno* y lo *externo* son esencialmente distinciones del lenguaje y tienen un fin puramente práctico, nos queda el Ser, o la conciencia, como componente básico y sustancial de la existencia.

El problema con el que muchos se encuentran cuando cavilan sobre tales temas no es solo que el lenguaje sea dualista por naturaleza y, consiguientemente, poco apto para tales indagaciones, sino que hay capas superpuestas de «la verdad» dependiendo del nivel de comprensión. La ciencia, la filosofía, la religión y la metafísica han de enfrentarse, todas, al desafío que supone dirigirse a un público multitudinario que abarca el más amplio espectro en cuanto a comprensión, educación, inclinaciones y prejuicios.

Cuando un experimentado orador científico sube al estrado y se pone ante el atril, ya sabe a qué público va a dirigir su discurso. Un físico que dé una charla informal, a jóvenes sobre todo, evitará hablar de ecuaciones, por temor a que los ojos de los oyentes empiecen a tornarse vidriosos, y tendrá que definir brevemente términos como «electrón». Si, por el contrario, la audiencia tiene un sólido conocimiento científico —pongamos que es una charla dirigida a los profesores de ciencias de varios institutos de enseñanza secundaria—, frases como «los electrones orbitan alrededor del núcleo de un átomo» o «Júpiter gira alrededor del Sol» utilizan términos ya conocidos, y nadie se va a quedar atrás. Ahora bien, si la audiencia es todavía más sofisticada, si está compuesta por físicos y astrónomos, ambas afirmaciones serán en este caso falsas, puesto que en realidad un electrón no orbita, sino que brilla tenuemente a cierta distancia del centro solo en estado de probabilidad, y su posición y movimiento son indefinidos hasta que un observador haga que se colapse su función de onda; y Júpiter no gira alrededor del Sol sino del baricentro, un punto del espacio, separado de la superficie del Sol, en el que las fuerzas gravitatorias de ambos cuerpos se balancean, como si se tratara de un balancín. Así pues, lo que es correcto en un contexto está equivocado en otro.

Lo mismo que decimos de la ciencia puede aplicarse a la filosofía, la metafísica y la cosmología. Cuando una persona identifica su única existencia exclusivamente con su cuerpo y está convencida de que el universo es una entidad separada, aleatoria y externa, decir que «la muerte no es real» no solo es una ridiculez, sino que no es cierto, dado que las células del cuerpo de esa persona ciertamente morirán todas, y su falso y limitado sentimiento de ser un organismo aislado morirá también. Por tanto, cualquier explicación que le demos sobre una vida futura se encontrará con su escepticismo debidamente justificado: «¿Qué es lo que tendrá una vida futura, mi cuerpo putrefacto? ¿Cómo es eso posible?».

Si ascendemos un nivel, nuestro individuo tendrá un sentimiento individual de ser una entidad viva, un espíritu tal vez, salvaguardado dentro de un cuerpo. Si ha vivido experiencias espirituales o tiene creencias religiosas o filosóficas de que un alma inmortal forma parte inseparable de su esencia, para esta persona tendrá más sentido aceptar que algo sucede incluso después de que su cuerpo se haya ido, y no vacilará en su convicción, ni siquiera en el caso de que sus amigos ateos se burlen de ella con frases como: «Ya, ¡qué más querrías!».

El concepto de muerte ha significado siempre una sola cosa: un final que no admite ni aplazamiento ni ambigüedad. Solo puede sucederle a algo que ha nacido o ha sido creado, a algo cuya naturaleza es limitada y finita. Esa maravillosa copa de vino que heredaste de tu abuela puede morir si se cae y se rompe en mil pedazos; se habrá ido para siempre. Los cuerpos individuales tienen asimismo un momento de nacimiento, y sus células están destinadas a envejecer y autodestruirse al cabo de unas noventa generaciones, aunque no actúe sobre ellas ninguna fuerza exterior. También las estrellas mueren; eso sí, después de disfrutar de una vida que normalmente se computa en miles de millones de años.

Y ahora llega la gran pregunta, la más antigua de todas: ¿quién soy yo? Si solo soy mi cuerpo, está claro que tendré que morir. Si soy mi conciencia, el sentimiento de experimentar y tener sensaciones, en ese caso no puedo morir, por la simple razón de que la consciencia tiene la posibilidad de *expresarse* como secuencia de una multiplicidad de formas, pero es, en última instancia, ilimitada. O, si uno prefiere afinar al máximo, el sentimiento de «estar vivo», la sensación de «yo» es, hasta donde la ciencia es capaz de explicar, una vivaz fuente neuroeléctrica que funciona con alrededor de 100 vatios de potencia, lo mismo que una bombilla refulgente. Incluso emitimos el mismo calor que una bombilla, motivo por el cual un automóvil se caldea rápidamente, incluso en una noche fría, sobre todo si el conductor va acompañado de uno o dos pasajeros.

Es probable que aquellos que son verdaderamente escépticos respondan que, en el momento de la muerte, esa energía interna simplemente «se va» y se desvanece; pero uno de los más irrefutables axiomas de la ciencia es que la energía nunca muere, jamás. Se sabe a ciencia cierta que es inmortal; ni se crea ni se destruye, simplemente cambia de forma. De modo que, teniendo en cuenta que todo, absolutamente todo, tiene una identidad energética, nada está exento de esa inmortalidad.

Vamos a usar la analogía del automóvil y a suponer que subimos una larga cuesta muy pronunciada. La energía de la gasolina, almacenada en sus enlaces químicos, se libera para impulsar el vehículo y permitirle combatir la fuerza de gravedad. Al ir ascendiendo, utiliza el combustible pero obtiene energía potencial, lo cual significa que la lucha contra la gravedad ha producido una forma de energía almacenada, un cupón que nunca expira, ni siquiera al cabo de mil millones de años. Como el automóvil puede cobrar este cupón de energía potencial en cualquier momento, hagámoslo ahora, dejándolo que baje la pendiente con el motor apagado. Y lo hace, va cobrando velocidad, que es energía cinética, la energía del movimiento. Va utilizando su energía gravitatoria potencial a medida que pierde altitud pero gana energía cinética. Por último pisamos el freno, que está caliente, lo cual es otra forma de decir que sus átomos se han acelerado —más energía cinética—. De hecho, los automóviles híbridos utilizan esa energía de frenado para cargar las baterías. En resumen, la energía va cambiando continuamente de forma, pero nunca disminuye lo más mínimo. De la misma manera, la esencia de quienes somos, que es energía, no puede tampoco ni disminuir ni «irse» a ningún lado; sencillamente, no hay «ningún lado» al que se pueda ir, dado que habitamos un sistema cerrado.

Hace poco comprendí las implicaciones que tiene todo esto, con ocasión de la muerte de mi hermana Christine. En aquel momento me encontraba intercambiando mensajes de texto con un reportero de la agencia Associated Press porque había empezado a desvelarse uno de los mayores fraudes de la historia científica:

Sábado, 10 de diciembre de 2005, 13:40. Del reportero:
Bob: es todo muy sospechoso. El artículo de Hwang sobre la clonación ha empezado a deshacerse por los bordes, y cada vez es más fuerte la sensación de que el centro tampoco se sostiene. No sé qué pensar de la hospitalización de Hwang...: ¿un exceso de dramatismo, o que el peso del fraude que está a punto de descubrirse ha caído sobre él como el plomo?... ¿Dónde va terminar esto?
Sábado, 10 de diciembre de 2005, 16:24. De Robert Lanza:
¡La vida está loca! Mi hermana acaba de tener un accidente de tráfico y la han llevado rápidamente al quirófano con hemorragias internas muy graves. He hablado con uno de los médicos hace un rato, y no creen

que tenga muchas posibilidades de salir de esta con vida. Todo parece tan distante y absurdo en este momento... Salgo hacia el hospital. Bob. *Sábado, 10 de diciembre de 2005, 17:40. Del reportero:* Dios mío, Bob.

Mi hermana no sobrevivió. Después de ver el cuerpo de Christine, salí a hablar con varios miembros de la familia que se habían congregado en el hospital. Según entré en la habitación, Ed, el marido de Christine, empezó a llorar inconsolablemente. Durante unos momentos sentí como si trascendiera el provincialismo del tiempo. Tenía un pie en el presente rodeado de lágrimas, y un pie atrás en la gloria de la naturaleza, volviendo el rostro hacia el sol radiante. *De nuevo, como durante los momentos que siguieron al accidente de Dennis*, pensé en el breve episodio que viví con la larva de escarabajo y en cómo todas las criaturas consisten en múltiples esferas de realidad física que pasan a través del espacio y el tiempo como fantasmas a través de las paredes. Pensé también en el experimento de la doble rendija, en el electrón que atravesaba los dos agujeros al mismo tiempo. No podía poner en duda las conclusiones de estos experimentos: Christine estaba a la vez viva y muerta, fuera del tiempo; sin embargo, en mi realidad tendría que hacer frente a este resultado, y solo a este.

Christine había tenido una vida difícil. Finalmente había encontrado a un hombre al que quería mucho. Mi hermana la pequeña no pudo ir a la boda porque tenía una partida de cartas que estaba programada desde hacía semanas. Mi madre tampoco pudo ir, debido a un compromiso muy importante que tenía en el club Elks. La boda fue uno de los días más importantes de la vida de Christine. Como de nuestra familia no apareció nadie aparte de mí, me pidió que la llevara del brazo hasta el altar para entregarla en matrimonio.

Poco después de la boda, Christine y Ed se dirigían a la casa de sus sueños, que acababan de comprar, cuando el automóvil se encontró de pronto con una capa de hielo que cubría la carretera. Mi hermana salió despedida del coche y aterrizó sobre un montículo de nieve.

—Ed —había dicho—, no siento la pierna.

Nunca llegó a saber que el hígado se le había partido en dos, que la sangre manaba a borbotones y le estaba inundando la cavidad peritoneal.

Poco tiempo después de que muriera su hijo, Emerson escribió: «Nuestra vida no corre tanto peligro como nuestra percepción. Sufro porque el sufrimiento no pueda enseñarme nada, ni hacerme entrar un solo paso en la naturaleza verdadera». Si hacemos todo lo posible por ver a través del velo de nuestras percepciones ordinarias, podremos acercarnos a comprender la relación tan profunda que tenemos con todas las cosas creadas —todas las posibilidades y potencialidades— pasadas y presentes, trascendentales e insignificantes.

Christine había adelgazado más de cuarenta y cinco kilos, y Ed le había comprado unos pendientes de diamantes con los que pensaba darle una sorpresa. Va a ser una espera muy difícil —tengo que admitirlo—, pero sé que Christine va a estar guapísima con ellos puestos la próxima vez que la vea... en cualquiera que sea la forma que adoptemos ella, yo, y toda esta asombrosa representación de la conciencia.

Y DESPUÉS DE ESTO, ¿QUÉ? 20

E l biocentrismo es un cambio científico de la forma de ver el mundo, y, como tal, pide que lo incorporen a las áreas de investigación existentes. Ofrece oportunidades a corto y a largo plazo, tanto para demostrar la propia verdad del biocentrismo como para utilizarlo a modo de trampolín que ayude a encontrar sentido a aspectos de la ciencia biológica y física que estas en la actualidad continúan ignorando.

La prueba más inmediata del biocentrismo nos la darán los nuevos experimentos de la teoría cuántica —que se seguirán ideando sin fin, cada vez más, y más perspicaces—, a medida que se expandan a lo macrocósmico. Ya se han inmiscuido en lo visible, como hemos visto en un capítulo anterior; y a medida que las demostraciones vayan adentrándose progresivamente en el ámbito de lo macrocósmico, será imposible «mirar hacia otro lado» cuando se trate de afrontar los resultados influidos por el observador. En pocas palabras, la teoría cuántica necesitará, ella misma, poder explicar los extraños resultados que obtendrá..., y la explicación más lógica será el biocentrismo.

En 2008, en un artículo publicado en la revista *Progress in Physics*, Elmira A. Isaeva dijo: «El problema de la física cuántica, como elección de una alternativa en la medición cuántica y como problema de filosofía sobre cómo funciona la conciencia, está íntimamente conectado con la relación que existe entre estos dos. Es bastante posible que, al resolver estos dos problemas, los experimentos de la mecánica cuántica incluyan el funcionamiento de un cerebro y de la conciencia, y entonces será posible presentar una nueva base para la teoría de la conciencia». Esto... ¡en una revista de física!

El artículo destaca luego hasta qué punto «depende el experimento físico del estado de conciencia». El hecho de que la ciencia dominante reconozca así el papel que desempeñan la conciencia y los seres vivos en áreas que antes se consideraban terreno exclusivo de la física es algo que irá multiplicándose hasta que el biocentrismo llegue a ser el paradigma establecido, en lugar del vástago fastidioso.

Con este fin, el experimento de superposición de estados a gran escala que se ha propuesto realizar nos mostrará si los extraños efectos cuánticos que se observan en los niveles molecular, atómico y subatómico son igual de aplicables a estructuras verdaderamente macroscópicas —al nivel de las mesas y las sillas—. Sería interesante confirmar o refutar que los objetos macroscópicos existen literalmente en más de un estado o lugar a la vez hasta que algo los afecta de la manera que sea, tras lo cual se colapsan y abandonan la superposición para concretarse en un único resultado. Hay muchas razones por las que esto podría no ocurrir en un experimento, y una de las principales es el ruido (la interferencia de la luz, de los organismos, etcétera), pero cualquiera que sea el resultado, será revelador.

La segunda área coligada de investigación biocéntrica se halla, por supuesto, en el ámbito de la estructura cerebral, la neurociencia, y específicamente la conciencia. A este respecto, nos sentimos esperanzados, pero no optimistas, en cuanto al progreso a corto plazo, por las razones que se han expuesto en el capítulo 19.

Una tercera área es la continua investigación en el ámbito de la inteligencia artificial, que está todavía en pañales. Pocos ponen en duda, no obstante, que este siglo, en el que el poder y las capacidades de las computadoras siguen experimentando una progresión geométrica, acabará permitiendo a los científicos enfrentarse al problema de una manera seria, práctica y útil. Cuando eso ocurra, resultará obvio que un «instrumento pensante» necesitará del mismo tipo de algoritmos para funcionar dentro del tiempo y desarrollar el mismo sentido del espacio que nosotros tenemos. El desarrollo de un circuito tan sofisticado revelará —probablemente antes de que puedan hacerlo las investigaciones del cerebro humano— cómo las realidades y modalidades del tiempo y el espacio dependen por entero del observador.

También será interesante estar al tanto de los continuos experimentos en torno al libre albedrío. El biocentrismo no requiere que exista libre albedrío ni tampoco lo rechaza, aunque lo primero parezca más compatible con un universo omnímodo cuya base es la conciencia. Los experimentos que Benjamin Liber y otros llevaron a cabo en 2008, a partir de los trabajos que habían realizado con anterioridad, pusieron de manifiesto que el cerebro, funcionando por sí solo, hace elecciones del tipo de qué mano levantar —elecciones que los observadores que contemplan los monitores de seguimiento del cerebro pueden detectar fácilmente— hasta diez segundos antes de que el sujeto haya «decidido» elevar una mano o la otra.

Por último, debemos pensar detenidamente en los interminables intentos de crear grandes teorías unificadas. Los que hasta el momento se han realizado en el ámbito de la física han sido demencialmente largos —lo normal es que se hayan extendido durante décadas— y no han tenido mucho éxito, excepto como forma de facilitar y financiar una carrera profesional a los físicos teóricos y los estudiantes de posgrado; pero, además, tampoco puede decirse que esos intentos parecieran ir, a priori, en la dirección acertada. Incorporar el universo vivo, o la conciencia, o permitir que el observador entre a formar parte de la ecuación —como John Wheeler insiste en que es necesario hacer— produciría, al menos, una fascinante amalgama de lo vivo y lo no vivo de una manera que tal vez hiciera que todo funcionara mejor.

Hoy día, quienes practican la biología, la física o la cosmología, y sus diversas subdivisiones, son por lo general personas que tienen muy poco conocimiento de las demás disciplinas. Quién sabe, puede que haga falta un enfoque multidisciplinar para conseguir resultados tangibles que incorporen el biocentrismo. Nosotros somos optimistas y creemos que, con el tiempo, ocurrirá.

¿Y qué es, en definitiva, el tiempo?

211

LA TRANSFORMACIÓN DE LORENTZ

Una de las fórmulas más famosas de la ciencia nació de la mente deslumbrante de Hendrik Lorentz casi a finales del siglo XIX. Es la columna vertebral de la relatividad, y nos muestra la caprichosa naturaleza del espacio, la distancia y el tiempo. Puede parecer complicada, pero no lo es:

$$\Delta T = t \sqrt{1 - v^2/c^2}$$

Hemos expresado esto para computar el cambio que experimenta el paso del tiempo que percibimos. En realidad, es mucho más sencillo de lo que parece. Δ significa *cambio*, luego ΔT es el cambio del paso del tiempo —el que tú personalmente percibes—. La t minúscula representa el paso del tiempo que perciben aquellos a quienes has dejado atrás, en la Tierra, y que supongamos que es un año; así pues, lo que nos interesa averiguar es cuánto tiempo pasa para ti (T) mientras transcurre un año para el resto de la gente de Brooklyn. Este simple «un año» de t (en este ejemplo) debe multiplicarse entonces por la base de la transformación de Lorentz, que es la raíz cuadrada de

1, de lo que restamos la siguiente fracción: v^2 —la velocidad a la que viajas multiplicada por sí misma—, dividida por c^2 —la velocidad de la luz multiplicada por sí misma—. Si todas las velocidades están expresadas en unidades afines, esta ecuación nos dirá en qué medida se ralentiza el tiempo para ti.

Un ejemplo: si viajas a dos veces la velocidad de una bala, o 1,6 kilómetros por segundo, la velocidad de v^2 es entonces 1x1, o 1, que se divide por la velocidad de la luz (299.792 kilómetros por segundo) multiplicada por sí misma, lo que es igual a 89.875.000.000 y que da una fracción tan pequeña que básicamente no es nada. Cuando esa nada se resta del 1 inicial de la ecuación, sigue siendo esencialmente 1, y, dado que la raíz cuadrada de 1 es también 1, y continúa siendo 1 cuando se multiplica por un año que ha transcurrido en la Tierra, la respuesta naturalmente continúa siendo 1. Eso significa que viajar al doble de la velocidad de una bala, o 1.600 metros por segundo, aunque parece muy rápido, es de hecho una velocidad demasiado baja para cambiar el paso del tiempo en sentido relativista.

Consideremos ahora una velocidad rápida. Si has conseguido viajar a la velocidad de la luz, la fracción v^2/c^2 se convierte en 1/1, o 1. La expresión comprendida dentro del signo de raíz cuadrada es entonces 1-1, que es 0. La raíz cuadrada de 0 es 0, así que ahora multiplicamos 0 por el tiempo que se ha experimentado en la Tierra, y la respuesta es 0. Nada de tiempo. Para ti el tiempo se ha inmovilizado, si viajas a la velocidad de la luz. Por lo tanto, puedes insertar cualquier número en «v» y la fórmula te dirá cuánto tiempo pasa para un astronauta que hace un viaje espacial mientras en la Tierra transcurre un tiempo dado. La misma fórmula sirve para calcular la disminución de la longitud que experimenta un viajero, con solo sustituir V (velocidad) por L (longitud); y funcionará también para computar el incremento de masa, excepto que, al concluir, deberemos dividir el resultado por 1 (encontrar el recíproco) porque, a diferencia del tiempo y la longitud, que decrecen, la masa se incrementa cuando está expuesta a una gran velocidad.

LA RELATIVIDAD
DE EINSTEIN Y EL
BIOCENTRISMO

El «espacio», que desempeña uno de los papeles principales en la relatividad de Einstein, se puede derivar científicamente con facilidad para ser reemplazado por una entidad independiente, dejando que las conclusiones prácticas de la relatividad se mantengan intactas y plenamente funcionales. Lo que veremos a continuación es una explicación de esto basada en la física, de la que hemos eliminado las matemáticas todo lo posible. No obstante, es bastante árida, y la recomendamos principalmente para ocasiones en las que uno se encuentre inesperadamente retenido en una terminal de autobuses durante dos o tres horas, o más.

Si complementamos las proposiciones de la geometría euclidiana con la simple proposición de que a dos puntos situados en un cuerpo prácticamente rígido siempre les corresponde la misma distancia (recta-intervalo) independientemente de cualquier cambio de posición a la que el cuerpo pueda estar sujeto, las proposiciones de la geometría euclidiana se transforman entonces ellas mismas en proposiciones de las posiciones relativas de los cuerpos prácticamente rígidos (relatividad).

Se le pueden buscar defectos a esta definición del espacio. Desde un punto de vista práctico, esto fundamenta la concepción común del espacio en una idealización no física: el cuerpo perfectamente rígido; y el hecho de que se especifique *prácticamente rígido* no protege la teoría de las consecuencias de esta idealización. Para Einstein, el espacio es algo que medimos con objetos físicos, y su definición matemática objetiva del espacio depende de una vara de medir perfectamente rígida.

Es posible aducir que dichas varas pueden fabricarse arbitrariamente pequeñas (cuanto más pequeñas, más rígidas), pero en la actualidad sabemos que una vara de medir que sea lo suficientemente microscópica se vuelve no más rígida, sino *menos*. La idea de medir el espacio mediante la alineación de átomos o electrones individuales es absurda. La medida más exacta de una distancia a la que puede aspirar el constructo de la relatividad especial de Einstein es un promedio estadístico uniforme y constante. Sin embargo, incluso este ideal se ve comprometido por la teoría misma, que reconoce que esas medidas dependen del estado relativo de movimiento existente entre el observador y los cuerpos que mide.

Desde un punto de vista filosófico, Einstein sigue la gran tradición de los físicos al asumir que sus propios fenómenos sensoriales se corresponden con una realidad objetiva externa. No obstante, el concepto del espacio objetivo idealizado matemáticamente ya no tiene razón de ser. Nosotros pensamos que sería más apropiado describir el espacio como una propiedad *emergente* de la realidad exterior, propiedad que depende fundamentalmente de la conciencia.

Como primer paso para llegar a esta meta, vamos a examinar detalladamente la teoría de la relatividad especial y a preguntarnos si se puede construir con sensatez sin depender de que las varas de medición sean rígidas, o que ni tan siquiera lo sean los cuerpos físicos. Veamos cuáles fueron los dos principios de los que partió Einstein:

1. La velocidad de la luz en el vacío es la misma para todos los observadores.
2. Las leyes de la física son las mismas para todos los observadores inerciales.[1]

---

1. Cuando los marcos de referencia (observadores) se mueven con velocidad constante unos respecto de otros, se denominan sistemas de referencia inerciales. En caso contrario, lógicamente, se denominan sistemas de referencia no inerciales. Todos los sistemas de referencia no inerciales están acelerados unos respecto a otros. (N. de la T.)

El concepto de *velocidad*, que implica la existencia de un espacio objetivo, es esencial para ambos supuestos. Es difícil escapar de esta idea, porque si algo podemos medir con la mayor sencillez y facilidad en los objetos de nuestra experiencia son sus características espaciales. Y si, por el contrario, abandonamos el supuesto *a priori* de que existe un espacio objetivo, ¿dónde nos deja eso?

Nos deja con solo dos elementos: el *tiempo* y la *sustancia*. Si nos volvemos hacia el interior para examinar el contenido de nuestra conciencia, vemos que el espacio no forma necesariamente parte de la ecuación. Carece por completo de sentido afirmar que nuestra conciencia tiene una extensión física propia. Sabemos que el estado de conciencia cambia (de no ser así, los pensamientos no serían fugaces, transitorios), luego tiene sentido proponer la aparente existencia del tiempo, ya que el cambio es lo que normalmente interpretamos como tiempo.

Desde el punto de vista de la física, la sustancia de la ciencia debe ser la misma que la sustancia de la realidad exterior, es decir, el gran campo unificado y sus diversas encarnaciones de baja energía. Una de estas encarnaciones es el campo de vacuidad, puesto que el verdadero «espacio vacío» ha quedado ya relegado a la montaña de compost de la historia de la ciencia.

Además, podemos proponer la existencia de la luz o, en términos más generales, un persistente cambio autopropagador dentro del gran campo unificado. Partiendo de aquí, y para simplificar el lenguaje de esta disertación, vamos a referirnos al gran campo unificado simplemente como *campo*, mientras que el término *luz* debe entenderse que incluye todas las perturbaciones autopropagadoras carentes de masa dentro de este campo.

Einstein habló de la luz y el espacio. Podemos empezar dando a la luz y al tiempo igual validez; la primera proposición, al fin y al cabo, enuncia simplemente que el espacio y el tiempo están relacionados entre sí por una constante fundamental de la naturaleza, que es la velocidad de la luz. Así pues, si proponemos la existencia de un campo y de luz que se propaga por ese campo, podemos recuperar una definición del espacio que no dependa en absoluto de una vara de medición física y rígida. El propio Einstein utiliza con frecuencia esta definición en su trabajo:

$$\text{distancia} = (c\Delta t/2)$$

donde t es el tiempo que necesita una pulsación de luz emitida por el observador para reflejarse en un objeto y retornar al observador. En este caso, c es simplemente una propiedad fundamental del campo que en cierto momento deberá medirse; no es necesario por el momento asignarle ninguna unidad física, sino que, por ahora, nos basamos en la idea de que el campo tiene una propiedad constante relacionada con la propagación de la luz que introduce una demora en dicha propagación de una parte del campo a otra. La *distancia* está por tanto definida simplemente como una función lineal de la demora.

Esta definición solo es práctica, por supuesto, si el observador y el objeto no se hallan en movimiento relativo. Afortunadamente, el estado del resto se puede definir con bastante facilidad si insistimos en que una secuencia de las mediciones de la distancia con este método sea estadísticamente constante. Si el supuesto contempla una configuración del campo en la que haya al menos un observador y varios objetos (que también están compuestos de campo, naturalmente), el observador puede definir un sistema espacial coordinado de la siguiente manera:

1. Empleando una secuencia larga de señales de luz reflejadas, identificar aquellos objetos cuya distancia no cambie con el tiempo.
2. Si dos o más objetos diferenciados tienen en común la misma medida de la distancia, se puede en este caso definir también el concepto de *dirección*. Contando con un número suficiente de objetos, es posible determinar que hay tres direcciones (macroscópicas) independientes.
3. Un observador consciente puede formar un modelo de campo proponiendo un sistema de distancias tridimensional coordinado.

Así pues, vemos que el primer postulado de Einstein se puede reemplazar lógicamente por las siguientes afirmaciones:

1. El campo fundamental de la naturaleza tiene la propiedad de que la luz necesita un tiempo finito para propagarse entre una parte del campo y otra.

2. Cuando esa demora es constante a lo largo del tiempo, se dice que las dos partes del campo están en reposo una respecto a la otra y que se puede definir la distancia entre ellas como $ct/2$, donde c es una propiedad fundamental del campo que en cierto momento se medirá por otros medios (tales como su relación con otras constantes fundamentales de la naturaleza).

Te darás cuenta de que este constructo no requiere dar por hecho el espacio *a priori*; sencillamente damos por hecho que existe un campo y que tal vez algunas de sus partes sean distintas de otras. Dicho de otro modo, partimos de la hipótesis de que existen múltiples entidades en el campo (y del campo) que pueden comunicarse por medio de la luz (que es también una propiedad del campo).

La segunda piedra angular de la relatividad especial es la idea del movimiento inercial. Ahora que los conceptos de coordenadas espaciales y velocidades se han deducido de las hipótesis del campo y de la luz, es sencillo definir el movimiento inercial como una propiedad de la relación existente entre las dos entidades (el observador y algún objeto externo). Un objeto se halla en movimiento inercial con respecto a un observador si su demora de tiempo es una función de tiempo lineal, es decir:

$$\text{distancia} = (c\Delta t)/2 = vt$$

Hablamos aquí de dos medidas de tiempo diferentes: la distancia viene definida por la demora de tiempo Δt, mientras que t es el tiempo total transcurrido desde el comienzo del proceso de medición. Es importante puntualizar que la distancia d y la velocidad v de un objeto solo pueden definirse adecuadamente mediante una serie de mediciones discretas de la demora de tiempo.

Que las leyes de la física hayan de ser idénticas para todos los observadores inerciales equivale a decir que el campo sea invariante con respecto a las transformaciones de Lorentz. Hay diversas maneras de expresar esto, pero la más sencilla consiste en definir el intervalo espaciotemporal Δs:

$$\Delta s^2 = c^2 \Delta t^2 - \Delta x^2 - \Delta y^2 - \Delta z^2$$

Las deltas son un poco pedantes, ya que, naturalmente, cada observador define su propia posición como cero, bajo este sistema.

Puede considerarse que la invariancia de Δs es la necesidad de que múltiples observadores estén de acuerdo en las propiedades del campo y de la realidad exterior. Para completar la relatividad especial, basta con demostrar que dos observadores pueden estar de acuerdo sobre Δs independientemente de cuál sea su relación, siempre que cada uno de ellos esté en movimiento inercial con respecto al otro.

A esto, le siguen todos los célebres resultados de la relatividad especial. El resultado final es que hemos demostrado cómo la relatividad especial no necesita el concepto de un espacio objetivo rígido para funcionar; si partimos del supuesto de un campo unificado, esto basta para proponer que las perturbaciones del campo proporcionan relaciones de coherencia intrínseca entre sus diversas partes.

Tal vez pueda parecer un ejercicio absurdo retirar así el espacio del postulado; al fin y al cabo, la distancia es un concepto muy intuitivo, y los campos cuánticos no. Está claro que la conciencia tiende a interpretar en términos de espacio las relaciones que tiene con otras entidades, y nadie puede discutir las ventajas prácticas de tal constructo; sin embargo, como indicábamos en la introducción, la abstracción matemática del espacio ha fallado en las teorías modernas. En los numerosos intentos de unir a toda costa la relatividad general y la teoría del campo cuántico, el espacio se ha multiplicado y compactado, cuantizado e incluso desintegrado. El espacio vacío, que en un tiempo se consideró un auténtico triunfo de la ciencia experimental (e, irónicamente, uno de los grandes resultados que respaldaban la relatividad especial), parece hoy día una concepción errónea, exclusiva de la ciencia del siglo XX.

Nota al apéndice 1:
    Pueden surgir dudas en cuanto al mecanismo dinámico de los fenómenos compensatorios. Tras estudiar la estructura de la materia, sabemos que los electrones orbitan alrededor del núcleo atómico miles de billones de veces por segundo, y que las partículas nucleares giran millones de billones de veces por segundo dentro del núcleo. Sabemos también que las partículas nucleares están hechas de partículas más pequeñas, llamadas *quarks*. Hasta la fecha, los físicos han horadado a través de cinco niveles de materia —molecular, atómico, nuclear, hadrónico y de *quark*— y, aunque algunos científicos piensan que la serie podría detenerse aquí, es perfectamente concebible que, al ir haciéndose las partículas cada vez más pequeñas, y girar a una velocidad cada vez mayor, la materia se disuelva en el movimiento de la energía. De

Apéndice 2

hecho, las pruebas efectuadas dan a entender que puede haber una estructura dentro de los mismos *quarks*, estructura que hasta ahora se había presumido que no existía. Poincaré insinuó que la explicación podría estar contenida en la dinámica de esta estructura. Los insólitos efectos que tiene el movimiento en las varas de medición y los relojes son consecuencia lógica del hecho de que la materia consiste en energía que al moverse crea una multiplicidad de configuraciones, partículas que orbitan dentro de otras partículas; y dado que esa energía es invariable en cuanto a velocidad (que es la velocidad de la luz), tales estructuras compuestas no pueden variar de velocidad sin que antes no se produzcan cambios en la configuración interna del objeto. Poincaré y Lorentz tenían razón: los cuerpos de medición y los relojes no son rígidos. La realidad es que se contraen, y el nivel de contracción ha de incrementarse con la velocidad del movimiento.

Imaginemos un objeto acelerado a la velocidad de la luz. Comprendemos al instante que solo podrá alcanzar dicha velocidad si su energía interna viaja siguiendo una línea recta. Desde una perspectiva mecánica, esto se consigue mediante una reducción, pues cuanto más se acorta un objeto, menor es la fracción de movimiento que está «ocupado» en la movilidad interna que tiene lugar a lo largo del eje de movimiento del objeto. Esto significa que, a la velocidad de la luz, no puede verse que los componentes de un reloj se muevan unos con respecto a otros. Un reloj no puede consagrarse a la danza del cronometraje. El cronometraje ha de cesar, y así lo corrobora la construcción de un simple triángulo rectángulo, unida a la utilización igual de simple del teorema de Pitágoras: si hubiera cualquier movimiento dentro del reloj, sus componentes habrían viajado a través del espacio a una velocidad superior a la de la luz. Es consecuencia de ello también que la masa varíe en proporción con la fracción de acortamiento, pues, como demostró Lorentz, la masa de una partícula tal como el electrón es inversamente proporcional a su radio (o variación de volumen). La realidad es que se puede demostrar sin mucha dificultad —con un nivel de matemáticas de instituto— que todos estos cambios varían en consonancia con las ecuaciones de Lorentz y Poincaré, ecuaciones que entrañan toda la teoría de la relatividad especial.

Así pues, el espacio y el tiempo se pueden restituir fácilmente a su lugar como formas de percepción sensorial animal. Nos pertenecen a nosotros, no al mundo físico. «Si comparamos nuestras fuerzas individuales con las suyas [de la naturaleza] —escribió Emerson—, es fácil que nos sintamos el chiste de un destino imposible. Pero, si en lugar de identificarnos con nuestro trabajo, sentimos que el alma del trabajador corre por nuestras venas, descubriremos que la paz de la mañana mora antes que nada en nuestros corazones, y que la insondable fuerza de la gravitación y de la química, y, por encima de ellas, de la vida, existía ya antes dentro de nosotros, en su forma más elevada».

ÍNDICE
TEMÁTICO

A

ADN 36, 39, 141
Advaita Vedanta 44, 172
Alfa 96
Antrópico, principio 94, 99, 100
Aristóteles 183

B

Bacon, Francis 24
Bell, John 60, 68
Bell, teorema de 63
Berkeley, George 24
Big Bang 11, 15, 16, 17, 23, 94, 96, 99,
    138, 152, 169, 172, 174, 175, 177
Biocentrismo
    Cuarto principio del 92
    Primer principio del 34
    Quinto principio del 103
    Segundo principio del 50
    Séptimo principio del 140
    Sexto principio del 121
    Tercer principio del 70

Biswas, Tarun 25
Born, Max 65

C

Cámbrico, mar 22
Carbono 96, 97, 102
Casimir, efecto 130
Chalmers, David 183, 184, 185, 187
Complementariedad 64, 79, 82
Constantes, tabla de 95
Copenhague, interpretación de 64, 68,
    69, 192
Cuántica
    fluctuación 16
    mecánica 15, 17, 57, 58, 62, 106,
        111, 137, 192, 210
    teoría 14, 26, 43, 47, 57, 59, 60,
        63, 64, 68, 71, 72, 79, 82, 88, 90,
        91, 100, 101, 105, 110, 112, 127,
        128, 129, 130, 136, 137, 148, 150,
        175, 181, 192, 209
Cuerdas, teoría de 11, 17, 24, 106, 175

D

Darwin, Charles 94, 116
Dennett, Daniel 183, 184
Descartes, René 44
Dicke, Robert 99

E

Einstein, Albert 17, 24, 48, 58, 59,
  60, 63, 69, 91, 106, 114, 115, 116,
  117, 127, 128, 129, 131, 132, 133,
  134, 135, 136, 137, 141, 175, 201,
  215, 216, 217, 218
Eiseley, Loren 147, 165
Emerson, Ralph Waldo 23, 38, 93,
  188, 189, 190, 197, 200, 208
Energía
  de punto cero 130
  electromagnética 31, 139
  oscura 11, 16, 170
Entropía 107, 108
EPR, interrelación 59
Espacio-tiempo 24, 58, 59, 63, 98,
  115, 133, 134, 135, 137
Estrella de Belén 168

F

Field and Stream 35
Filippenko, Alex 100
Fuerzas, cuatro 94, 98, 169, 170

G

Gisin, Nicholas 61, 64
Gravitatoria, fuerza 17

H

Haldane, John 13
Harvard, Universidad de 35, 37, 186
Hawking, Stephen 19, 68, 109
Heisenberg, principio de incertidumbre
  de 111
Heisenberg, Werner 64, 68, 111
Heráclito 21
Herschel, William 178
Hoffman, Paul 188
Hoyle, Fred 97
Hubble, Edwin 177

I

Inflación 11
Inteligente, diseño 93, 94
Interacción nuclear fuerte 98
Interferencia, patrón de 66, 67, 76, 78,
  80, 82, 84, 86, 88, 89
Iris, arco 32, 33

K

KHCO3 69
Kuffler, Stephen 35, 37, 38, 143, 145

L

Leslie, John 100
Libet, Benjamin 48, 49
Linde, Andrei 193
Lorentz, Hendrik 114, 132, 133, 134,
  213, 219, 221
Lorentz, transformación de 114, 133,
  213
Luria, Salvador 143, 144, 145, 146

M

Magnetismo 31, 169
Marte 18, 178
Michelson, Albert 131, 132
MIT (Instituto Tecnológico de Massa-
  chusetts) 142, 143, 146
Morley, Edward 131, 132
Muchos mundos, interpretación de los
  68
Muybridge, Eadweard 111

N

Newton, Isaac 58, 72, 106, 116
New York Times Magazine 44
NIST (National Institute of Standards
  and Technology) 90, 95
Noctiluca, Lampyris 21

O

O'Donnell, Barbara 7
O'Donnell, Eugene 41, 42
Onda-partícula, dualidad 65

Onda, placas de cuarto de 79, 80, 81, 82, 85, 87, 88, 89
Oscura, materia 16, 170

P

Parker, Dennis 156
Poe, Edgar Allan 105
Pope, Alexander 123
Probabilidad
estado de 92, 101, 103, 121, 139, 173, 204
leyes de la 73
ondas de 65, 70, 79, 85, 91, 103, 121, 139, 173, 194

Q

Qué diablos sabemos? (película) 71

R

Relatividad especial 116, 133, 135, 136, 137, 216, 219, 220, 221
Rendijas, experimento de las dos 66, 89
Resonancia 97, 98, 118
Ricitos de Oro, principio de 93
Roemer, Ole 113

S

Sagan, Carl 19, 181
Skinner, B. F. 38, 167, 186, 189, 190
Sklar, Lawrence 134
Spinoza, Benedicto de 199
Superposición a gran escala 69

T

Teoría del todo 11, 19, 23, 50, 188
Thoreau, Henry y David 38, 132, 164, 165, 166, 197, 198
Tiempo, dilatación del 113, 114

U

Universo en expansión 15

W

Weinberg, Stephen 58, 188
Wheeler, John 65, 99, 100, 101, 193, 196, 211
Wigner, Eugene 91
Wineland, David 62, 64

Z

Zenón de Elea 105

SOBRE LOS
AUTORES

ROBERT LANZA

Trabajó bajo la tutela de gigantes de la ciencia, como el psicólogo B. F. Skinner, el imunólogo Jonas Salk, y el pionero de los trasplantes de corazón Christiaan Barnard. Sus mentores le describieron como un «genio», un «pensador original», comparándole a veces con el mismo Einstein.
Tema de portada de la revista
Us News & World Report

Robert Lanza lleva ya más de cuatro décadas explorando las fronteras de la ciencia y actualmente se le considera como uno de los científicos más destacados del mundo. Es director científico de la compañía Advanced Cell Technology, y profesor de Medicina regenerativa en la Universidad Wake Forest, en Carolina del Norte. Es autor de cientos de artículos e invenciones, y de más de dos decenas de libros científicos, entre los que cabe destacar *Principles of Tissue Engineering*, reconocido como una referencia definitiva en este campo. Otros de sus títulos son *One World: The Health & Survival of the Human Species in the 21st Century* (con prólogo del presidente Jimmy Carter), así como *Handbook of Stem Cells* y *Stem Cell Biology*, que se consideran obras de referencia concluyentes en la investigación con células madre.

El doctor Lanza se licenció y doctoró por la Universidad de Pensilvania, donde estudió con una beca de la Universidad y una beca

Benjamin Franklin. Le fue concedida también una beca Fulbright, y formó parte del equipo de investigadores que clonó el primer embrión humano; además, fue el primero en clonar ejemplares de una especie en peligro de extinción, a fin de demostrar que la transferencia nuclear podía revertir el proceso de envejecimiento, y en generar células madre empleando un método que no requiere que se destruya el embrión humano. Fue galardonado con el premio Rave de Medicina por la revista *Wired* en 2005, y en 2006 recibió el premio «All Star» de biotecnología, concedido por la revista *Mass High Tech*.

Se ha presentado al doctor Lanza y se han difundido sus investigaciones en prácticamente todos los medios informativos del mundo, tanto en las principales cadenas de televisión, CNN, *Time, Newsweek* o la revista *People* como en las portadas del *New York Times, Wall Street Journal, Washington Post, Los Angeles Times* y *USA Today*, por nombrar solo unos pocos. Robert Lanza ha colaborado con algunos de los grandes pensadores de nuestro tiempo, entre ellos los premios nobel Gerald Edelman y Rodney Porter. Antes, había trabajado en estrecha colaboración con B. F. Skinner (el padre del conductismo moderno) en la Universidad de Harvard, y juntos publicaron una serie de artículos científicos. Ha colaborado también con Jonas Salk (descubridor de la vacuna contra la polio) y con el pionero de los trasplantes de corazón Christian Barnard.

BOB BERMAN

Es un tipo fascinante.
—David Letterman

Abróchense los cinturones y agárrense fuerte.
—Revista *Astronomy*

Bob Berman es el astrónomo más leído del mundo, autor de más de un millar de artículos publicados en revistas como *Discover* y *Astronomy*, donde es columnista habitual. Es además redactor astronómico de *The Old Farmer's Almanac* y autor de cuatro libros. Es profesor adjunto de Astronomía en Mary-Mount College, y escribe y produce un programa semanal en la North-East Public Radio, en antena durante la edición de fin de semana de la National Public Radio.

ÍNDICE

Agradecimientos 9
Introducción.. 11
1. Un universo fangoso.. 13
2. En el principio había... ¿qué?.. 21
3. El sonido que hace un árbol al caer 29
4. Luces y ¡acción!... 35
5. ¿Dónde está el universo? 43
6. Bubbles en el tiempo 51
7. Cuando mañana está antes que ayer 57
8. Un experimento de lo más asombroso 71
9. El universo de ricitos de oro 93
10. No hay tiempo que perder.. 105
11. Perdidos en el espacio... 123
12. El hombre oculto entre bambalinas.. 141
13. Los molinos de la mente 147
14. Caída en el paraíso 155
15. Los pilares de la creación 161
16. ¿Qué es este lugar?.. 167
17. La ciencia ficción se hace realidad... 177
18. El misterio de la conciencia 183
19. La muerte y la eternidad... 199
20. Y después de esto, ¿qué?.. 209
Apéndice 1. La transformación de lorentz... 213
Apéndice 2. La relatividad de einstein y el biocentrismo 215
Índice temático.. 223
Sobre los autores... 227